中西部叠合盆地碎屑岩层系油气地质条件研究进展

ZHONG XI BU DIEHE PENDI SUIXIEYAN CENGXI YOUQI DIZHI TIAOJIAN YANJIU JINZHAN

李　萌　周生友　郭元岭
陈　前　王惠勇　章　朋　著

内容提要

中西部叠合盆地碎屑岩层系油气资源雄厚,成果丰富,但勘探程度相对较低,是我国今后油气勘探的重要领域。针对塔里木、四川、鄂尔多斯、准噶尔等盆地碎屑岩层系在地质认识、技术方法,勘探思路等方面取得的重要新进展,本书通过大量调研,分析近20年来公开发表的研究文献,应用大量的典型实例,分别从构造演化、地层、烃源岩、碎屑岩储层、盖层和油气成藏模式等六大方面进行了总结与论述。

本书基础资料翔实,内容丰富,图文并茂,专业性强,可作为油气勘探地质专业科研人员、高等院校相关专业师生的参考书。

图书在版编目(CIP)数据

中西部叠合盆地碎屑岩层系油气地质条件研究进展/李萌等著. —武汉:中国地质大学出版社,2023.11
ISBN 978-7-5625-5659-6

Ⅰ.①中⋯ Ⅱ.①李⋯ Ⅲ.①叠合-含油气盆地-石油天然气地质-研究进展
Ⅳ.①P618.130.2

中国国家版本馆 CIP 数据核字(2023)第 152141 号

中西部叠合盆地碎屑岩层系油气地质条件研究进展	李 萌 周生友 郭元岭 著
	陈 前 王惠勇 章 朋

责任编辑:韩 骑	选题策划:张晓红 韩 骑	责任校对:宋巧城

出版发行:中国地质大学出版社(武汉市洪山区鲁磨路388号)	邮编:430074
电 话:(027)67883511　传 真:(027)67883580	E-mail:cbb@cug.edu.cn
经 销:全国新华书店	http://cugp.cug.edu.cn

开本:787毫米×1092毫米 1/16	字数:225千字	印张:9.25
版次:2023年11月第1版		印次:2023年11月第1次印刷
印刷:武汉中远印务有限公司		
ISBN 978-7-5625-5659-6		定价:128.00元

如有印装质量问题请与印刷厂联系调换

前 言

我国中西部较为典型的叠合盆地,如塔里木、四川、准噶尔、鄂尔多斯盆地等,自晚古生代海相及海陆过渡相沉积体系以来,发育了多套碎屑岩层系,存在多套生储盖组合,经历了多期构造运动与油气成藏-改造过程,成藏过程复杂,勘探前景良好。

近20年来,面对中西部碎屑岩领域诸多勘探难题,广大勘探科研人员积极探索碎屑岩油气成藏富集理论,在地质认识方面取得新突破,有力指导了中西部叠合盆地碎屑岩层系油气勘探的大突破与新发现。例如,塔里木盆地库车山前带、准噶尔盆地腹部二叠—三叠系、四川盆地须家河组、鄂尔多斯盆地上古生界等,已成为国内油气增储上产的重要领域。

本书作者通过充分调研相关的期刊文献、学位论文,结合自己的工作实际,撰写了这本《中西部叠合盆地碎屑岩层系油气地质条件研究进展》。

全书共分为六章:第一章介绍了中西部典型叠合盆地晚古生代以来关键构造变革期及演化特征,由周生友、郭元岭撰写;第二章介绍了碎屑岩层系地层划分、沉积建造类型等,由李萌撰写;第三章介绍了主要烃源岩特征及油气资源潜力,由李萌撰写;第四章介绍了碎屑岩储层类型、发育特征及主控因素,由李萌撰写;第五章介绍了盖层有效性及分布特征,由王惠勇、陈前撰写;第六章介绍了碎屑岩层系多期生烃、多期成藏及多种成藏模式等特征,由章朋撰写。全书由李萌设计并统稿。本书作者均为中国石化石油勘探开发研究院的科研人员。

本书的顺利完成,得益于参考文献每位作者的真知灼见和专业智慧,在此一并表示真挚的感谢!

由于作者水平有限,书中难免出现不妥之处,敬请广大读者批评指正。

著 者
2023 年 4 月

目 录

第一章　构造演化特征 …………………………………………………………………………（1）
 第一节　志留—泥盆纪构造演化 ……………………………………………………………（3）
 第二节　石炭—二叠纪构造演化 ……………………………………………………………（5）
 第三节　中生代构造演化 ……………………………………………………………………（10）
 第四节　新生代构造演化 ……………………………………………………………………（17）

第二章　地层特征 ………………………………………………………………………………（21）
 第一节　志留—泥盆系特征 …………………………………………………………………（22）
 第二节　石炭—二叠系特征 …………………………………………………………………（25）
 第三节　中生界特征 …………………………………………………………………………（32）
 第四节　新生界特征 …………………………………………………………………………（47）

第三章　烃源岩特征 ……………………………………………………………………………（49）
 第一节　海相烃源岩 …………………………………………………………………………（50）
 第二节　海陆过渡相烃源岩 …………………………………………………………………（55）
 第三节　陆相烃源岩 …………………………………………………………………………（58）

第四章　碎屑岩储层特征 ………………………………………………………………………（73）
 第一节　海相砂岩储层 ………………………………………………………………………（74）
 第二节　陆相砂岩储层 ………………………………………………………………………（76）
 第三节　陆相致密砂岩储层 …………………………………………………………………（78）
 第四节　火山岩储层 …………………………………………………………………………（96）

第五章　盖层特征 ………………………………………………………………………………（99）
 第一节　泥质岩类盖层 ………………………………………………………………………（100）
 第二节　碳酸盐岩类盖层 ……………………………………………………………………（112）
 第三节　蒸发岩类盖层 ………………………………………………………………………（112）

第六章 碎屑岩层系油气成藏 …………………………………………………… (117)
  第一节 构造油气藏 ………………………………………………………… (118)
  第二节 地层-岩性油气藏 …………………………………………………… (119)
  第三节 火山岩油气藏 ……………………………………………………… (122)
  第四节 山前带油气藏 ……………………………………………………… (123)
  第五节 断缝体油气藏 ……………………………………………………… (126)

主要参考文献 …………………………………………………………………… (131)

第一章

构造演化特征

中国中西部大型含油气盆地基本上都属于叠合盆地,如塔里木盆地、四川盆地、鄂尔多斯盆地和准噶尔盆地等(图1-1),其形成和发展演化受控于全球性的伸展-挤压旋回,特别是古亚洲洋、特提斯洋和古太平洋的伸展-聚敛过程,具有明显的旋回性和阶段性。整体来看,中西部叠合盆地自晚古生代以来经历了台内坳陷、陆内坳陷及(类)前陆盆地的演化过程。

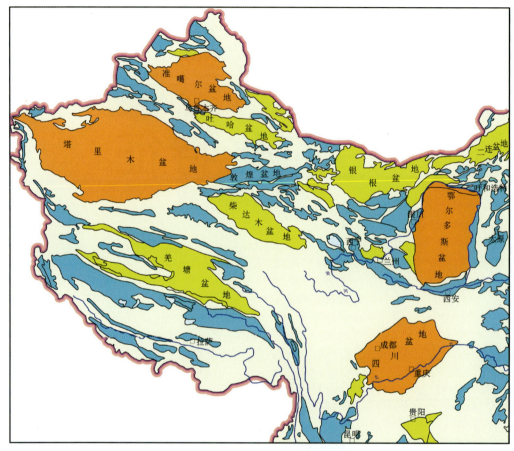

图1-1 中国中西部主要含油气盆地分布

具体来看,每个构造阶段又具有差异化的盆地原型和构造-沉积背景。塔里木盆地自志留纪以来进入碎屑岩发育阶段,先后经历晚古生代挤压-伸展盆地、三叠纪前陆盆地、白垩—侏罗系断陷-坳陷盆地、新生代陆内前陆盆地等构造演化。四川盆地自中—晚三叠世,伴随着古特提斯洋的俯冲消减,由海相沉积转为陆相沉积,先后经历晚三叠世前陆盆地、侏罗纪陆内坳陷、白垩纪陆内造山、晚白垩世以来盆地隆升等构造演化。鄂尔多斯盆地在早古生代经历海相碳酸盐岩沉积,晚二叠世受勉略洋盆俯冲消减、古亚洲洋持续俯冲影响,先后经历二叠纪克拉通坳陷、三叠纪陆内坳陷盆地、侏罗纪—早白垩世克拉通坳陷盆地、晚白垩世之后差异抬升等构造演化。准噶尔盆地自二叠纪晚期以来,伴随古特提斯洋的俯冲消减,乌伦古、陆梁、莫索湾等岛弧拼接成为准噶尔盆地基底,由海相沉积逐渐演变为海陆过渡相沉积,先后经历二叠纪断坳转换、三叠—白垩纪陆内坳陷、古近纪以来(类)前陆盆地等构造演化。

第一节 志留—泥盆纪构造演化

晚奥陶世之后,古特提斯洋不断扩展,原特提斯洋消减闭合(图1-2)。劳伦板块、波罗地大陆等在志留纪碰撞,形成了冈瓦纳北部的劳俄大陆。劳伦板块、西伯利亚板块、塔里木板块、华北板块、华南板块以及周缘的岛弧和地体等,持续向北半球中纬度地区运动和汇聚,最终拼合成为劳亚大陆。

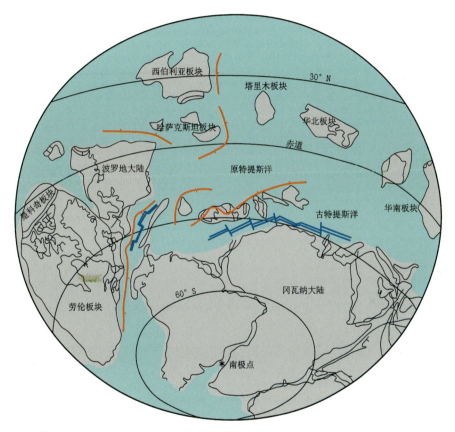

图1-2 全球晚志留—早泥盆世古地理图重建(修改自Berra and Angiolini,2014)

1. 志留纪演化阶段

1)塔里木盆地

古生代,塔里木板块游离于冈瓦纳和劳亚大陆之间的特提斯洋,早期向南漂移,随后持续向北运动(李江海等,2015)。一些大洋分支或边缘海,如北天山洋、库地洋等俯冲消减作用加强(何登发等,2005;林畅松等,2011),使得塔里木克拉通形成大范围的南部隆起,北部也形成塔北隆起(图1-3)。早志留世,塔里木盆地构造格局变化不大,但是塔北、塔南两个隆起范围不断扩大,到依木干塔乌组沉积期已经连为一体。晚志留世,塔里木板块与中昆仑岛弧带发生碰撞,塔西南前陆盆地在挤压作用下继续发育。

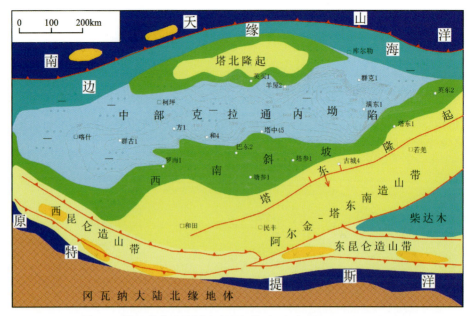

图 1-3　塔里木盆地及周边志留纪构造-古地理(邬光辉等,2020)

2)四川盆地

早志留世,四川盆地受到广泛海侵作用,海平面上升造成水体变深、缺氧。志留纪末加里东运动,以整体隆升作用为主,志留—奥陶系遭受剥蚀。

3)鄂尔多斯盆地

受加里东运动的影响,位于鄂尔多斯盆地南北的洋壳同时向华北地台下面俯冲,致使盆地整体抬升,导致海平面相对下降,盆地内的海水从西南方向退出。

4)准噶尔盆地

志留纪是西准噶尔北部洋盆、岛弧等发展建造的重要阶段,这一时期西准噶尔北部经历了洋盆的相互俯冲和岛弧的活动过程。

2. 泥盆纪演化阶段

1)塔里木盆地

晚泥盆世,北天山拉张作用加强,伊宁北裂陷槽继续发育,而南天山已经萎缩为残留洋盆地,阿尔金隆起与东昆仑隆起发生拼贴。早—中泥盆世继承了志留纪围绕古隆起分布的克拉通内坳陷的构造特征,但分布更局限,主要分布在北部坳陷、塔中—巴楚地区;晚泥盆世东河砂岩段沉积前的早海西期运动是盆地构造格局转换的重要时期,发生遍及盆地的区域构造隆升与剥蚀夷平,形成盆地最大规模不整合。

2)四川盆地

该时期盆地大部分地区都露出海平面,在泥盆纪—早石炭世长期遭受风化剥蚀,仅在川东北及川西等盆地边缘地区发育局限泥盆系。

3)鄂尔多斯盆地

鄂尔多斯盆地延续志留纪整体抬升的状态,形成西低东高的构造特征。

4）准噶尔盆地

早—中泥盆世，准噶尔盆地总体继承了志留纪的构造古地理格局。在盆地西缘，晚泥盆世火山活动较早—中泥盆世强烈，放射虫化石等证据表明深水洋盆延续到晚泥盆世。

第二节　石炭—二叠纪构造演化

1. 石炭纪演化阶段

1）塔里木盆地

早石炭世，南部昆仑山构造域进入古特提斯洋阶段。晚石炭世，北天山晚古洋盆消减，昆仑-阿尔金构造域则仍处于拉张阶段。

2）四川盆地

受石炭纪云南运动影响，四川盆地整体抬升，盆地内部在开江—梁平一带形成开江古隆起的雏形。

3）鄂尔多斯盆地

早石炭世之后，鄂尔多斯西缘受秦祁褶皱带向北推挤作用形成碰撞边缘，鄂尔多斯内部广大地区显现了克拉通凹陷环境，使其在沉积特征上出现鄂尔多斯西缘地区中—上石炭统坳陷型沉积和鄂尔多斯内部地区中—上石炭统广覆型沉积的差异。

4）准噶尔盆地

石炭纪，现今意义上的准噶尔盆地尚未形成，与整个北疆地区处于统一的演化背景中。早石炭世为沟弧盆体系，主要为残余洋盆、海盆、岛弧环境（图 1-4a）。晚石炭世演化为海陆交互环境，主要为陆相裂谷、残留海环境（图 1-4b）。

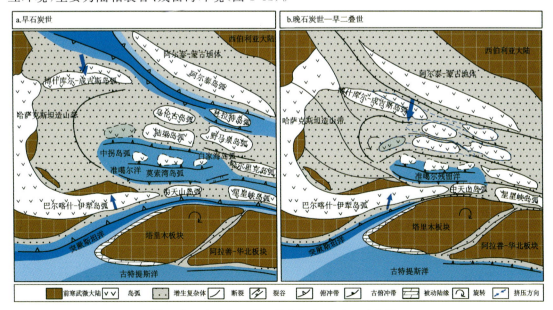

图 1-4　准噶尔及邻区石炭纪—早二叠世构造-古地理示意图（Li et al., 2016）

2. 二叠纪演化阶段

二叠纪开始，中亚造山带陆续碰撞拼合，至三叠纪泛大陆(Pangea)最终形成，在此过程中全球洋陆格局及构造域发生大规模调整重组。新特提斯洋沿冈瓦纳东部边缘打开(图1-5)，形成了辛梅利亚大陆(伊朗、阿富汗中部、喀喇昆仑、羌塘)，从早二叠世的冈瓦纳南部古纬度向北迁移到中二叠世—早三叠世的赤道古纬度。泛大陆受周边泛大洋、古特提斯洋等洋壳的俯冲，泛大陆内部发育多个大型地幔柱。

图1-5 全球早二叠世古地理图重建(Berra and Angiolini, 2014)

1) 塔里木盆地

二叠纪继承了石炭纪大型陆内坳陷背景(图1-6)，塔里木盆地广泛发育早二叠世火成岩，塔北地区为中—酸性火山岩类，巴楚—塔中地区为基性火山岩类(杨树锋等，1996)。中二叠世开始，天山构造域拉张作用加强，南部昆仑、阿尔金构造域特提斯洋壳断裂，在中昆仑北部、

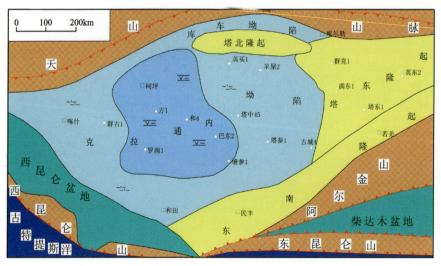

图1-6 塔里木盆地及周边二叠纪构造-古地理(邬光辉等，2020)

阿尔金南部发育岛弧,其后发育弧后盆地。塔里木板块内部的弧后扩张,导致板块内部大规模的早二叠世岩墙群和喷溢玄武岩的发育。

中二叠世开始,古特提斯洋向北、向中昆仑地体俯冲,最终导致南侧的甜水海地体与塔里木板块发生碰撞。海水自东向西退出塔里木盆地,进入陆相盆地发展阶段。晚二叠世,北天山、中天山、南天山均发生碰撞、造山,盆地北缘进一步的挤压应力加速了古天山山脉的持续隆升,西天山及邻区广泛接受陆表海稳定型碎屑岩、碳酸盐岩沉积。

2)四川盆地

早二叠世,新特提斯洋扩张时期,四川盆地总体为向南倾的巨型碳酸盐岩缓坡与台地;晚二叠世,在克拉通内裂陷作用下发育鄂西-城口海槽、开江-梁平海槽等。

3)鄂尔多斯盆地

二叠纪,鄂尔多斯盆地属于华北板块的一部分,处于赤道附近(北纬13°~20°之间)并向北漂移(万天丰,2011)。早二叠世鄂尔多斯盆地西缘的贺兰拗拉槽逐渐趋于稳定,转化为稳定拗陷区,影响早二叠世盆地演化历程的主要构造背景为北缘古亚洲洋和南缘勉略洋盆的俯冲消减(翟咏荷等,2023)。

早二叠世本溪—太原组沉积时期,盆地南缘和北缘在俯冲挤压作用下抬升形成秦岭隆起和伊盟隆起(图1-7),靠近隆起区形成南北向分布的小型潮控三角洲沉积体系,主要发育于石

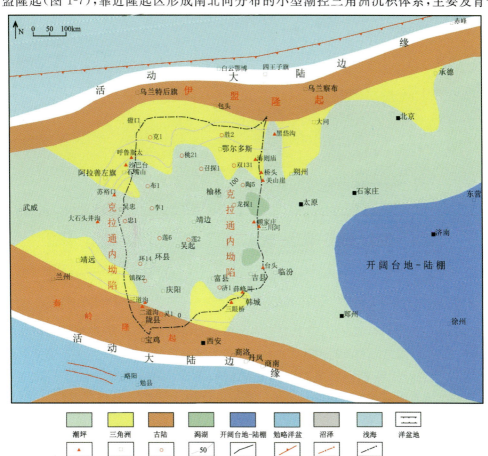

图1-7 鄂尔多斯及邻区早二叠世太原组沉积期构造-沉积环境(翟咏荷等,2023)

嘴山—鄂托克旗—神木及靖远—韩城地区。鄂尔多斯盆地中东部华北海与西部祁连海在现今盆地中北部仍然连通。中央古隆起主体表现为水下低隆，盆地中东部表现为一大型克拉通内坳陷，盆地西缘具有活化拗拉槽特征，盆地内部整体表现出"一隆两坳"的构造-沉积格局。

从早二叠世山西期开始，周缘构造活动强烈，秦岭隆起与伊盟隆起持续抬升，盆地内部海水逐步向东南方向退出（图1-8），进入以陆相沉积为主的演化阶段，仅在盆地南部局部保留残留海盆沉积（翟咏荷等，2023）。盆地坳陷沉降和盆缘的挤压作用使该时期的沉积环境发生改变。盆地总体具有北高南低、中部坳陷的特征，沉积体系由东西向分异转换为南北向分异。

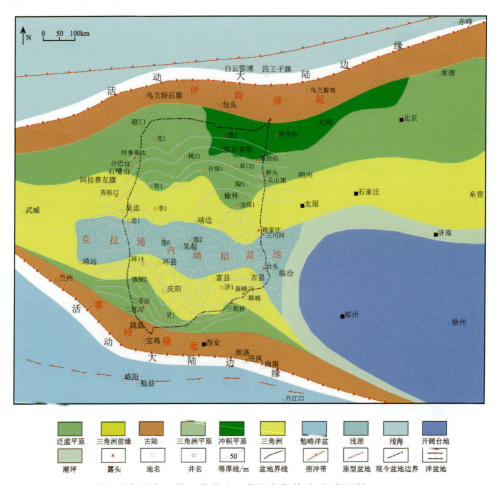

图1-8 鄂尔多斯及邻区早二叠世山2段沉积期构造-沉积环境（翟咏荷等，2023）

中二叠世下石盒子组沉积期，随着古亚洲洋持续向南俯冲推挤，华北克拉通北缘进一步抬升，海水持续南撤，以海相灰岩为代表的陆表海沉积不复存在（图1-9）。中二叠世上石盒子组沉积期，气候进一步变干燥，随基底沉降速率加快，沉积范围持续扩大。石千峰组沉积期，北缘古亚洲洋因西伯利亚板块与华北板块对接而消亡，南秦岭南部勉略洋盆向北俯冲加剧，使华北克拉通整体抬升，海水撤出大华北地区。

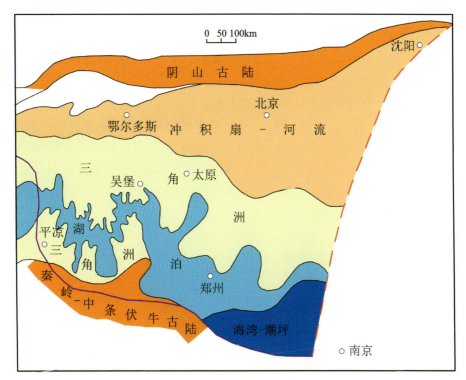

图 1-9　鄂尔多斯及邻区早二叠世下石盒子组沉积期构造-沉积环境(何发岐等,2022)

4)准噶尔盆地

伴随古特提斯洋的俯冲消减,准噶尔地区自早古生代以来多岛洋的构造格局走向尾声。早二叠世初,在继承晚石炭世古地貌的基础上,准噶尔地区发生强烈的构造运动,主要表现形式是大规模的断裂活动,伴随着剧烈和频繁的火山活动,形成了准噶尔盆地的雏形(图1-10)。

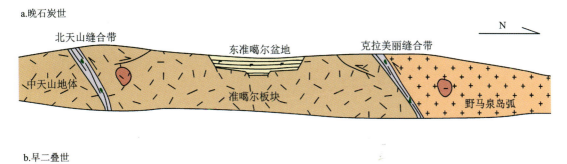

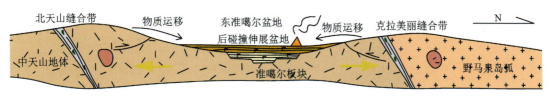

图 1-10　准噶尔盆地及邻近造山带石炭—二叠纪构造演化示意图(修改自Li et al.,2016)

在其分割孤立的山前和山间断陷中堆积了巨厚的火山磨拉石建造,近火山源区是以陆相中—酸性火山岩为主体的粗碎屑岩-火山岩建造,远离火山源则是以河湖相碎屑岩为主体的火山岩-碎屑岩建造。在博格达山和北天山坳陷区,则继承了石炭纪海域的特征,堆积了一套滨海—浅海相砂岩、砾岩、泥岩夹石灰岩和火山岩。

中二叠世,造山后伸展导致了整个准噶尔盆地裂陷消退并转入全盆地范围坳陷沉积充填阶段,盆地整体沉降,开始发育泛盆充填,由海相沉积演变为海陆过渡相沉积。晚二叠世,盆地在继承中二叠世古地貌的基础上,进入陆相拗陷盆地发育阶段,湖泊范围较中二叠世晚期大大缩小,主要发育一套粗碎屑的冲积扇-扇三角洲-滨浅湖沉积。二叠纪的沉积过程经历了从海到湖到河的转换,实际上是统一沉积盆地的过程。早二叠世盆地的分割局面,到晚二叠世基本得到统一,统一的盆地已经形成。

第三节　中生代构造演化

1. 三叠纪演化阶段

三叠纪是古板块汇聚最活跃的时期,古特提斯和新特提斯之间由辛梅利亚板块相隔,随着辛梅利亚板块不断向北漂移(图 1-11),新特提斯洋不断扩张,古特提斯洋不断消亡。

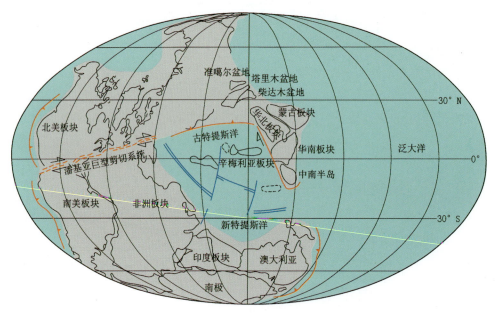

图 1-11　全球二叠纪末—三叠纪古地理图重建(修改自 Berra and Angiolini,2014)

1)塔里木盆地

二叠纪末—三叠纪,古特提斯洋的俯冲作用达到高潮,天山、昆仑和阿尔金构造域均发生不同程度的隆升作用,塔里木克拉通内部则遭受大范围剥蚀。该时期原型盆地以前陆盆地为特征,发育有塔西南前陆盆地、库车前陆盆地、中部克拉通坳陷盆地。

2) 四川盆地

中—晚三叠世是中上扬子板块构造体制转换的关键时期,周缘洋盆不断俯冲消减直至最终关闭,发生华北、羌塘、松潘-甘孜及兰坪-思茅等板块与扬子板块的碰撞。三叠纪晚期,在古特提斯洋关闭背景下,华南广大地区发生大规模海退。

中三叠世晚期,中国南北大陆沿秦岭-大别造山带发生了自东向西的"剪刀式"穿时碰撞闭合造山运动,该过程对扬子板块西缘及西北缘产生了广泛的影响。晚三叠世,大巴山和米仓山地区进入了以陆相磨拉石为主的前陆盆地阶段,川北地区剑阁古隆起是勉略洋盆关闭的陆内响应(孙衍鹏和何登发,2013)。龙门山-川西前陆盆-山结构的建造过程主要受控于扬子板块的顺时针旋转和与其俯冲作用相关的秦岭造山带南北向作用力(邓宾,2013)。整体来看,晚三叠—早侏罗世造山活动持续地由北东向南西递进扩展变形(图1-12)。印支山作用彻底改变了扬子地块沉积环境和大地构造面貌,川-滇前陆盆地由此发育。晚三叠世龙门山北段逐渐开始抬升造山,导致龙门山前缘须家河组二段发育厚层砾岩(图1-12),其古水流方向主要为南南东向和南西向,反映秦岭和摩天岭发生了重要的抬升剥蚀作用。

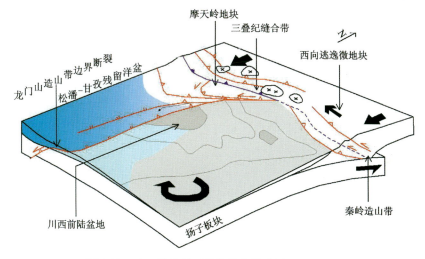

图1-12 晚三叠世川西前陆演化模式图(邓宾,2013)

3) 鄂尔多斯盆地

早—中三叠世,鄂尔多斯板块已经开始转化为大型内陆坳陷性盆地,盆地内部构造运动较少,相对独立的鄂尔多斯盆地还没有形成,整体仍然为统一的大型华北克拉通内沉积盆地(时建超,2010)。

早—中三叠世,盆地继承了二叠纪的古构造格局。晚三叠世,特提斯北缘的昆仑-秦岭洋沿阿尼玛卿-商丹断裂带由东向西呈"剪刀式"碰撞闭合,强烈的造山运动使得南华北地区大规模隆升,靠近郯庐断裂带首先隆起并逐渐向西扩展,使得晚三叠世盆地沉积不断向西退缩,沉积中心不断向西迁移。尽管盆地内部构造运动不明显,在西、南缘已经发生了断裂逆冲,并且在古太平洋板块俯冲影响下,盆地开始由南北分异向东西分异转变。三叠纪末盆地整体不均匀抬升,延长组顶部遭受差异剥蚀。

在盆地南缘,伴随着南秦岭和扬子板块间勉略洋的闭合和北秦岭的隆升,秦岭造山带的碰撞造山与鄂尔多斯南缘坳陷沉降在时空上表现出明显的耦合关系(图1-13)。砂岩碎屑成分分析表明,鄂尔多斯盆地南缘延长组主要物源来自华北基底,同时也有北秦岭早古生代的部分物质注入,这可能与北秦岭造山带提供的碎屑物质多少有关。

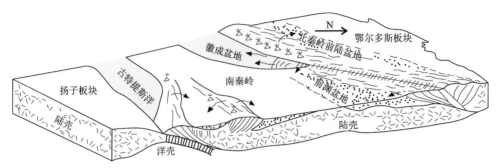

图1-13 中央造山带印支期大地构造背景(修改自张义平,2018)

4)准噶尔盆地

早—中三叠世,乌伦古和准噶尔盆地已统一成一个沉积盆地,沉积范围逐步扩大,晚三叠世湖域范围达到最大。下三叠统为大范围展布浅水扇三角洲体系,砂体较为发育。中三叠世,区内经历了中期最大湖侵和晚期湖退的发育阶段,乌伦古一带开始接受沉积,沉积物变为滨浅湖相组成的湖泊体系,盆地发育玛湖、昌吉和乌伦古3个沉降中心。晚三叠世早中期,湖侵达到最大,3个沉降中心连为一体,晚期则逐渐收缩。三叠纪期间虽有构造运动波及盆地,但没有影响统一盆地的沉积过程。三叠纪末,准噶尔盆地经受了一次构造运动,盆地整体处于剥蚀状态,其西北缘、东北缘和陆梁地区抬升剥蚀强烈。

2. 侏罗纪演化阶段

1)塔里木盆地

塔里木克拉通经历了印支期的挤压构造环境后,伴随着周缘造山带和残余特提斯洋的演化,进入燕山构造旋回断陷盆地原型发育阶段。早—中侏罗世,塔里木克拉通受北东—南西向的拉张力,造成侏罗纪的伸展构造环境,塔里木克拉通周缘发育有库车断陷、塔西南断陷和塔东南断陷等(图1-14)。晚侏罗世,塔里木克拉通盆地周缘基本格局没有大的改变,主要是由断陷转化为坳陷盆地。侏罗纪末,拉萨地块向北拼贴碰撞,导致区域性挤压作用。

2)四川盆地

早—中侏罗世,秦岭构造带向南西推进,米仓山-大巴山的逆冲推覆构造活动增强,构造应力背景由北西-南东向挤压变为近南北向挤压,北东东向构造带发育。龙门山地区主要处于缓慢隆升的状态,逆冲推覆活动相对较弱(图1-15)。这就使川西前陆盆地的坳陷,由初始的西部龙门山前缘地区向东北部地区转移,沉降中心迁移至川东北附近,沉积环境演变为内陆湖泊(李英强和何登发,2014)。

自中侏罗世晚期以来,中国大陆构造发展进入了多向板块汇聚和强烈的陆内造山阶段,四川盆地相应地进入了多向挤压变形和盆地改造阶段。这个时期最重要的陆内造山作用发生在盆地北缘的南秦岭地区,北大巴山逆冲构造带向南西方向推挤,导致了大巴山前陆弧型构造带的定型。

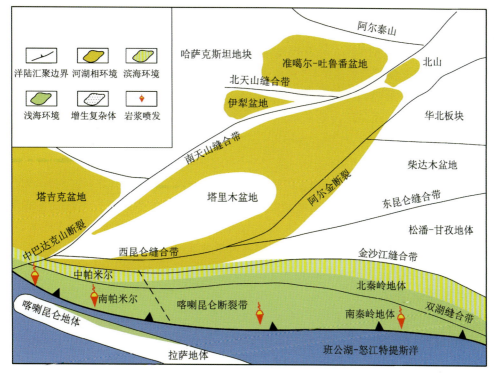

图 1-14 塔里木盆地及周边中侏罗世古构造格局(修改自 Yang et al.,2017)

在川东地区,受古太平洋板块俯冲欧亚板块的影响,江南—雪峰地区出现陆内造山作用(图 1-15)。受到来自东部俯冲大陆边缘动力作用的远程影响,雪峰山基底隆起强烈逆冲复活,并向扬子板块腹地推挤,导致了川东和川—渝—黔—桂地区的隔槽式-隔档式弧形构造带的发育(张岳桥等,2011)。

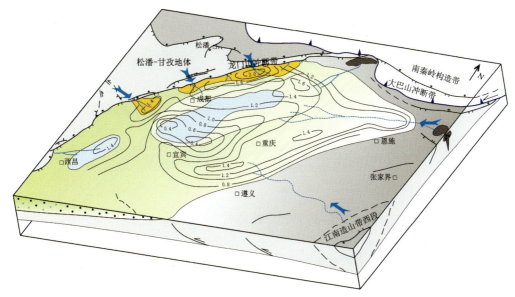

图 1-15 四川盆地及其邻区晚侏罗世古地理重建(修改自 Li et al.,2018)

3) 鄂尔多斯盆地

早侏罗世构造稳定期,富县期盆地在三叠纪末高低不平的古地貌上填平补齐,主要发育河流-湖泊相沉积。延安期是一个构造相对稳定期,主要发育大面积河流-沼泽相沉积,厚200～300m,为盆地主要成煤期。中侏罗世,盆地东部隆起逐渐扩大,沉积范围逐渐向西收缩,此时盆地沉积格局东西分异,南北展布。晚侏罗世强烈逆冲隆升阶段,在特提斯域诸地块与西伯利亚板块南北双向挤压及阿拉善地块东向挤压作用影响下,盆地西缘发生强烈逆冲变形,东部抬升剥蚀。

4) 准噶尔盆地

侏罗纪时期,准噶尔盆地进入稳定构造-沉积阶段。八道湾组沉积时期以河流、沼泽发育为显著特征。三工河组沉积时期,准噶尔盆地又一次水进,以大型河流三角洲及湖相沉积为特点。三工河组沉积末期,盆地遭受一次较弱的褶皱作用,西山窑沉积前期地层形变,造成局部不整合;湖域收缩,西山窑组沉积时,又恢复到八道湾期的河流和沼泽古地理环境。西山窑组沉积期末,构造运动造成了大范围的不整合接触。

中侏罗世晚期,随着喀喇昆仑地块的碰撞和汇聚,导致喀喇昆仑地块、南帕米尔高原、中帕米尔高原、北帕米尔高原、塔里木西南地块、南羌塘西部和北羌塘西部的地壳缩短和隆升(图1-16)。随着准噶尔盆地南部物源区由南向北扩张,中—晚侏罗世盆地逐步萎缩,湖盆沉积范围极为有限,主要为冲积平原及三角洲平原环境。

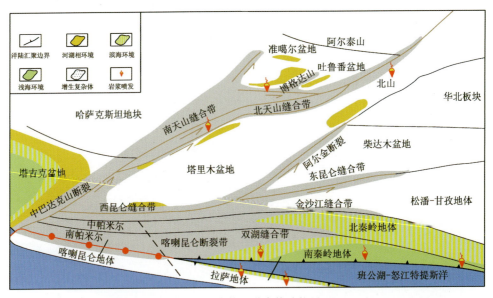

图1-16 准噶尔盆地及周边中—晚侏罗世古构造格局(修改自 Yang et al.,2017)

侏罗纪末,由于亚洲板块南缘的喀喇昆仑-拉萨碰撞事件、板块北缘的科雷马-奥莫龙地块碰撞事件以及蒙古-鄂霍次克洋东部的封闭,中亚和东亚地区进入一个显著的挤压期(图1-17)。侏罗纪末期的构造运动使准噶尔盆地的构造面貌发生了较大的改变,除北天山外周围山系基本形成,盆地内部发育多个隆起构造,受周边抬升影响,湖盆整体萎缩并消失。

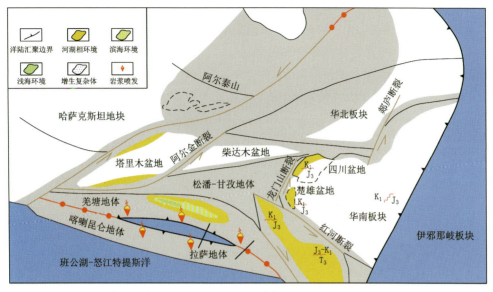

图 1-17　塔里木盆地及周边侏罗纪末期古构造格局(修改自 Yang et al.,2017)

3. 白垩纪演化阶段

早白垩世,部分新特提斯洋关闭,亚洲大陆的雏形出现(图 1-18);白垩纪末期,新特提斯洋全面消减,亚洲大陆形成。白垩纪是全球构造-环境演变的重要转折时期,期间发生的全球性海陆位置变迁、大气环流重组、生物演变等一系列重大事件为全球现今构造-环境格局的形成奠定了基础。

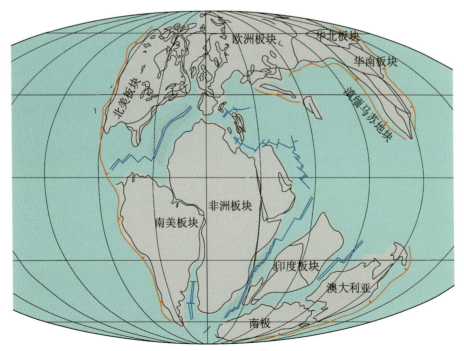

图 1-18　全球早白垩世古地理图重建(修改自 Berra and Angiolini,2014)

1)塔里木盆地

塔里木盆地早白垩世继承了晚侏罗世的盆地格局,并伴随有岩浆活动。白垩纪早期,受特提斯洋的广泛海侵,塔里木盆地西南方向存在开口,并在西南坳陷出现海相沉积(图1-19)。白垩纪末,塔里木盆地北缘为古天山隆起,南缘为西昆仑隆起和东昆仑-阿尔金山隆起。塔里木克拉通除了塔西南断陷仍发育外,大部分地区都处于抬升状态并遭受剥蚀。

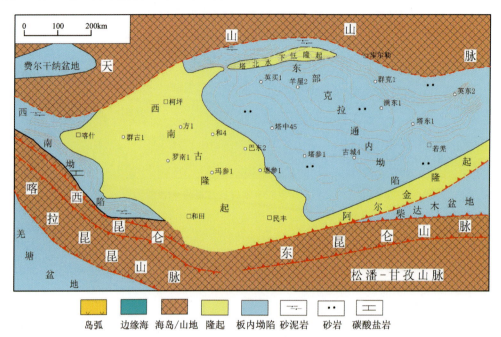

图1-19 塔里木盆地及周边白垩纪构造-古地理(邬光辉等,2020)

2)四川盆地

晚白垩世,受新特提斯与太平洋构造域的联合作用,四川盆地大部分地区处于隆起剥蚀状态,此时川西地区的构造动力学背景也由伸展转为挤压(李忠权等,2014),发生了北西-南东向缩短。龙门山南部强烈的逆冲作用在一定程度上控制了大型冲积扇发育(图1-20)。四川盆地内部古近系沉积主要在川西南地区,厚300~100m,其余大部分地区遭受剥蚀。

3)鄂尔多斯盆地

早白垩世,受古太平洋板块向新生亚洲大陆的斜向俯冲,华北板块中东部地区总体处于北东向左旋挤压构造环境中,鄂尔多斯盆地东部显著向西掀斜,盆地西南缘发生强烈陆内变形和多期逆冲推覆,形成了盆地西部坳陷、东部掀斜抬升的古构造格局。

4)准噶尔盆地

早白垩世,准噶尔盆地稳定沉降,再次成为坳陷型盆地,整体表现为水进的特征,湖盆范围扩大,地层由盆内坳陷区向隆起区、盆地四周超覆沉积。晚白垩世,湖盆缩小,浅水湖区范围缩小。白垩纪末,盆地遭受强烈构造运动,地层大规模剥蚀。

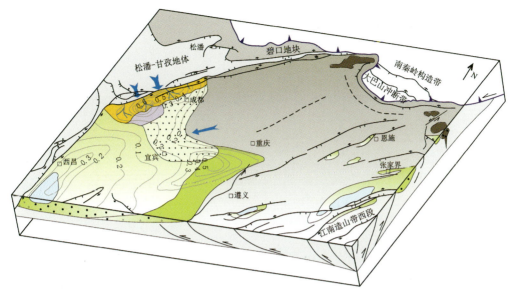

图 1-20　四川盆地及其邻区晚白垩世古地理重建(修改自 Li et al.,2018)

第四节　新生代构造演化

1. 古近纪演化阶段

伴随非洲板块向欧洲板块南部边界移动,新特提斯洋逐渐关闭,大西洋和印度洋逐渐打开(图 1-21)。新生代时期,印度板块北漂并和欧亚板块发生碰撞,中国西部形成了大规模的造山运动。

1)塔里木盆地

古新世中期,塔里木地区周缘形成塔西南裂陷、库车坳陷等沉降和沉积中心。始新世晚期—渐新世,塔西南坳陷仍被海水淹没,塔北地区虽残留海水,但仍为潟湖,沉积以陆源物质为主。古近纪末期,印度板块开始与欧亚板块碰撞,该期构造事件结束了盆地海相沉积的历史,南缘开始出现粗碎屑沉积。塔里木盆地周缘古造山带开始复活,差异性升降运动显著加强,盆地进入复合前陆盆地演化阶段。

2)四川盆地

古近纪是四川盆地大范围陆相沉积历史的最后阶段。在新特提斯与太平洋构造域的共同作用下,四川盆地受周缘山系逆冲推覆作用影响,处于持续的挤压、充填过程而具有萎缩消亡的趋势,沉积范围局限于西南部、南部地区,以河、湖沉积环境为主。

3)鄂尔多斯盆地

进入新生代,鄂尔多斯盆地受到来自太平洋动力体系的控制,鄂尔多斯盆地整体抬升,大型鄂尔多斯盆地消亡(刘池洋等,2006;任战利等,2007)。新生代盆地主体持续抬升,一直为东高西低,其周缘地区相继发育了一系列新生代断陷盆地。

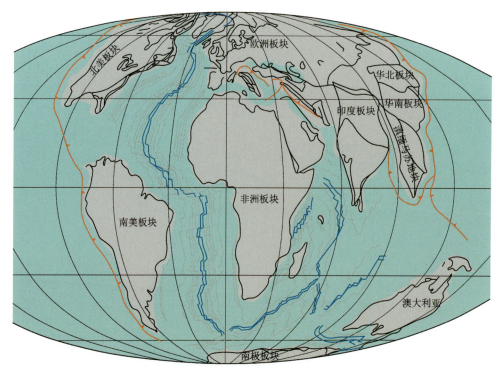

图 1-21　全球始新世—渐新世古地理图重建(修改自 Berra and Angiolini，2014)

4) 准噶尔盆地

古近纪开始,准噶尔盆地保持整体缓慢沉降,发育了多个沉降沉积中心;虽然南缘、北缘沉积岩性与厚度略有差异,但基本保持了统一性。

2. 新近纪演化阶段

1) 塔里木盆地

中新世开始,在印度板块与欧亚板块碰撞的远程效应下,天山、昆仑山等强烈隆升并向盆地冲断(图 1-22),库车地区形成了前陆盆地和前陆冲断带,与典型的前陆盆地在构造演化、沉积背景等方面有所差别。此外,阿尔金山前带则发生强烈的走滑-冲断作用。塔里木克拉通周缘隆升、逆冲、走滑、推覆强烈,使得塔里木克拉通内部强烈变形。

2) 四川盆地

新近纪至今,印度板块与欧亚板块的陆-陆碰撞和太平洋与菲律宾板块的俯冲,使南方大陆的地质构造格局发生了重大改变。中扬子—江南雪峰地区整体抬升并剥蚀,四川盆地上隆,成为构造残留盆地(梅廉夫等,2012)。受近东-西向挤压,龙门山再次活动,四川盆地中北部地区抬升被剥蚀,白垩系出露地表,川西坳陷发生强烈褶皱并最终定形。

3) 鄂尔多斯盆地

中新世继承了前期的构造格局,鄂尔多斯盆地各构造单元均发生强烈抬升,周缘地堑快速沉降;中新世晚期,随着青藏构造域影响的增强和扩展,西部的六盘山盆地强烈挤压隆升,沉积范围缩小并向北迁移(赵红格等,2007)。

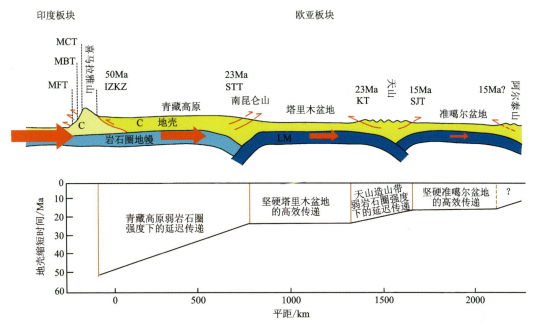

图1-22　印度板块与欧亚板块碰撞动力学传递与前陆褶皱冲断带的形成（修改自 Lu et al.，2007）

4）准噶尔盆地

新近纪以来，整个天山区开始剧烈隆起，向盆地冲断，产生巨大构造载荷，盆地南缘形成再生前陆盆地。中新统沉积时期，河流发育，浅湖域扩大。上新统沉积时期，早期湖盆再次扩大；中—下新统沉积时期，湖盆变小、变浅，最后分裂成孤立的半咸水、浅水湖泊。

第二章

地层特征

中西部四大盆地(塔里木盆地、四川盆地、鄂尔多斯盆地和准噶尔盆地)晚古生代以来主要发育碎屑岩层系,但横向对比来看存在明显差异。

在志留纪沉积期,中西部四大盆地经历了广泛的海侵作用,尚未整体进入碎屑岩发育阶段。塔里木盆地虽然仍为海相沉积旋回,但已发育海相碎屑岩建造,其志留系至石炭系以海相碎屑岩为主,二叠系至第四系以陆相碎屑岩为主。

鄂尔多斯盆地在早古生代经历海相碳酸盐岩沉积,自上古生界下二叠统开始由海相沉积逐渐向陆相沉积过渡。

准噶尔盆地下二叠统为海陆过渡相沉积,自中二叠统进入陆相沉积阶段。

与其他叠合盆地相比,四川盆地海相沉积期非常长,从震旦纪一直持续到中三叠世,自晚三叠世才开始转换为陆相沉积环境。

第一节　志留—泥盆系特征

1. 志留系特征

1)塔里木盆地

志留纪沉积期,塔里木盆地进入周缘前陆演化阶段,相应的盆地沉积体系亦发生重大变革,由碳酸盐岩台地沉积体系转变为滨浅海碎屑岩沉积充填阶段。根据岩性特征,志留系可细分为3个组4个岩性段(表2-1)。塔北隆起志留系主要为陆源碎屑岩海岸—陆棚相和大陆干旱辫状河沉积建造(图2-1a)。塔中隆起志留系主要为一套滨浅海相的陆源碎屑岩,在塔中隆起轴部全部缺失,其余地区覆盖在奥陶系不同层位之上。巴麦地区志留系为一套潮坪—潮间带沉积。

2)四川盆地

早志留世,盆地东部龙马溪组下部发育富含笔石的黑色页岩,属广海陆棚相,西部发育开阔海台地相的粉细砂岩、页岩和灰岩;中志留世,盆地发育页岩、砂质页岩等海退沉积;志留纪末期,盆地抬升遭受大范围剥蚀。

3)鄂尔多斯盆地

加里东运动之后,鄂尔多斯盆地主体抬升成陆,抬升剥蚀时间长,导致盆地主体缺失志留系、泥盆系及下石炭统。

4)准噶尔盆地

在准噶尔盆地西缘,志留系主体表现为一套中酸性的火山岩建造,火山岩以溢流相火山熔岩为主,夹有少量火山碎屑岩。

2. 泥盆系特征

1)塔里木盆地

塔里木盆地泥盆系以陆相棕红色、暗紫色、褐色砂泥岩为主,部分地区为细粒石英砂岩的滨岸沉积。塔中东河塘组具有滨岸相、陆棚相、三角洲相3个沉积相类型(图2-1b),主要为一套灰色、深灰色的细砂岩。巴麦地区东河塘组岩性为中—厚层硅质细砂岩,为一套滨海相沿岸砂坝沉积。东河砂岩段厚度自东北向西南和西北变薄,至同 1 井、玛参 1 井缺失。在塔北雅克拉地区,泥盆系主要分布在东河塘—雅克拉一带,岩性为灰白色、浅灰色细砂岩、浅灰色砂砾岩和灰色、黄色砾岩。东河 1 井在 5726~5983m 处钻遇泥盆系石英砂岩,还有沙 5 井钻遇该地层,钻厚 233m。泥盆系与下伏地层呈角度不整合接触。

表 2-1 塔里木盆地志留系岩性特征及分布(朱筱敏等,2002)

地层			层序和体系域		岩性描述	主要沉积类型	主要分布地区
统	组	段					
中—上志留统	依木干他乌组	上砂岩段	层序 2	高水位体系域	上部为棕色中厚层粉砂岩夹浅灰色薄层粉砂岩;中下部为浅灰色中厚层粉砂岩、泥质粉砂岩,偶夹棕色薄层泥质粉砂岩。具志留纪典型几丁虫化石	滨岸或潮坪	塔北隆起北部坳陷塔中低凸起
		红色泥岩段		海侵体系域	棕色、褐灰色泥岩,偶夹暗紫色中厚层粉砂岩、灰绿色泥质粉砂岩,是志留系划分对比的一个重要区域标志层		
				低水位体系域			
	塔塔埃尔塔格组	下砂岩段	层序 1	高水位体系域	上部为浅灰色、杂色巨厚层细砂岩、含砾不等粒砂岩,间夹灰紫色、棕褐色泥岩及灰绿色薄层中粗砂岩;中部为略等厚互层的紫褐色巨厚层细砂岩、不等粒砂岩及棕褐色泥岩;下部为厚层硅质砂岩。该段又称为"沥青砂岩段",分布很广	潮坪或滨岸	
				海侵体系域			
下志留统	柯坪塔格组	暗色泥岩段		低水位体系域	上部为灰绿色巨厚层细、粉砂岩和粉砂质泥岩;下部为灰色、绿灰色泥岩。具早志留世笔石及腕足类化石	滨外陆棚或潮坪	塔北隆起北部坳陷

2)四川盆地

泥盆纪—早石炭世,四川盆地整体抬升为古陆,盆地内大部分地区无沉积;但在龙门山地区和湘鄂西一带分别发育断陷和坳陷沉积,沉积厚度较大。

3)鄂尔多斯盆地

鄂尔多斯盆地长期抬升剥蚀,盆地主体缺失志留系、泥盆系及下石炭统,奥陶系顶部与石炭系之间形成了区域性的不整合和假整合面。

4)准噶尔盆地

在盆地西缘,泥盆系岩石组合及沉积相特征丰富,主体是以洋壳俯冲作用所产生的岩浆岛弧为背景的一套物质建造,火山物质含量高。

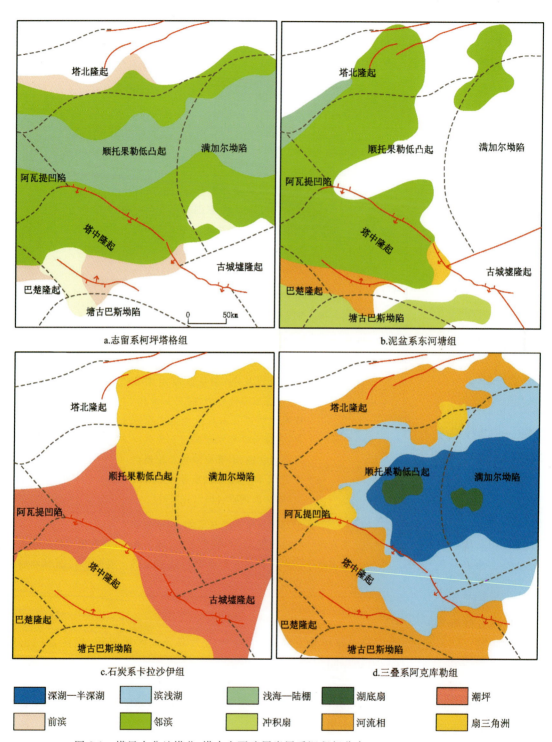

图 2-1 塔里木盆地塔北-塔中主要碎屑岩层系沉积相分布(修改自 Li et al.,2019)

第二节　石炭—二叠系特征

1. 石炭系特征

1）塔里木盆地

塔里木盆地石炭系为灰色灰岩、绿灰色、暗紫色砂泥岩夹部分蒸发岩的浅水台地、海陆交互、滨浅海沉积。在塔北隆起，石炭纪主要沉积砂砾岩及白云岩。在巴楚—麦盖提地区，几乎所有探井都揭示了该套地层，厚410~671.5m，主要是一套海陆交互相碳酸盐岩和碎屑岩沉积。巴楚组是一套滨海相至局限台地相沉积，卡拉沙依组是一套潟湖—潮坪相沉积，小海子组是一套海相碎屑岩沉积。在塔北雅克拉地区分布面积不大，但是其厚度较大，平均达400~500m，是东河塘油气藏的主力产层。沙5井钻遇下石炭统巴楚组，厚度为347m。下石炭统巴楚组岩性下部为灰色砾岩夹薄层含砾砂岩；中部为灰白色细砂岩与含砾砂岩、砾岩大致等厚互层；上部为浅绿灰色、浅灰色微晶白云岩、砾屑白云质灰岩与浅灰色砂砾岩等。

2）四川盆地

石炭纪沉积期，盆地北部和东部边缘为古地貌高部位，局部存在低部位，石炭系黄龙组、河洲组和下二叠统梁山组厚度变化较大。

3）鄂尔多斯盆地

在奥陶系侵蚀风化地貌基础上，本溪组主要以充填物形式沉积在风化面较低凹的古地貌部位，主要为风化产物的铝土岩、滨浅海相碎屑岩、潮坪相灰岩、滨海沼泽相煤岩等。太原组受分布范围较广的潮坪及滨浅海控制，沉积物主要为一套海陆交互沉积的三角洲平原相—潮坪相泥岩、碳质泥岩、灰岩、煤层。

4）准噶尔盆地

石炭系为准噶尔盆地发育的第一套盖层，发育滨浅海、海陆交互相火山岩，火山碎屑岩建造（张磊，2020）。石炭系从下至上发育滴水泉组、松喀尔苏组、双井子组、巴塔玛依内山组和石钱滩组。滴水泉组和双井子组主要发育火山碎屑岩和沉积岩，部分地区发育碳酸盐岩。松喀尔苏组和巴塔玛依内山组为多套火山岩夹火山碎屑岩建造，其中松喀尔苏组以中—基性火山岩为主，巴塔玛依内山组以中—酸性火山岩为主。石钱滩组则主要为一套坳陷期沉积岩。

2. 二叠系特征

1）塔里木盆地

塔里木盆地二叠系为一大套潮坪亚相—河流相和岩浆喷发岩建造。二叠系火山岩在塔里木盆地分布广泛，不仅厚度大，而且岩石类型多。二叠系火山岩主要产于下二叠统库普库兹满组和下二叠统上部的开派兹雷克组。前者称下火山岩段，后者称上火山岩段（图2-2）。

在巴楚地区，地表露头剖面见于小海子一带，其余大部分被第四系覆盖，未见完整层系出露。二叠系在巴楚—麦盖提地区整体表现出"西薄东厚"的特征。二叠系在麦盖提斜坡厚度稳定，地层层序完整，麦盖提斜坡西段延伸有微弱的减薄趋势。在巴楚隆起，强烈的剥蚀作用导致二叠系部分组段的缺失,特别是在巴楚隆起西段由于构造变形强烈,二叠系几乎完全被剥蚀。下二叠统仍然是一套局限台地相沉积,开派兹雷克组和库普库兹满组是潮坪相沉积,但是沙井子组已经是一套陆相碎屑岩沉积,反映了早—中二叠世发生了一次重要的海陆转换。

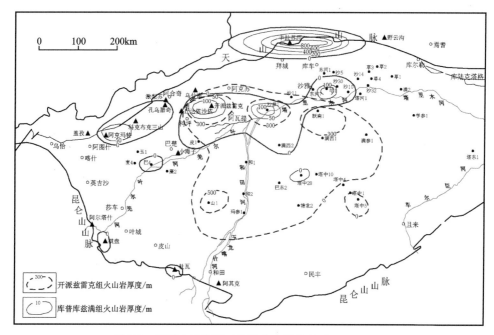

图 2-2 塔里木盆地下二叠统火山岩分布(康玉柱,2008)

2)四川盆地

二叠纪沉积期构造稳定,盆地发育一套稳定碳酸盐岩台地沉积。其中,下二叠统栖霞组在川西地区主要以内缓坡沉积为主,发育台地边缘和台内高能粒屑滩;中二叠统茅口组主要发育深灰色、浅灰色白云质斑块灰岩,在盆地内广泛分布,局部地区因风化剥蚀致使顶部地层缺失。

3)鄂尔多斯盆地

(1)下二叠统。山西组沉积期是鄂尔多斯盆地海陆转换的关键时期(图 2-3),发育于海退背景下。山西组二段(山二段)沉积期,海相沉积特征仍然明显。盆地东部受海水控制和影响,仍可见薄层灰岩沉积。北部三角洲沉积范围在太原组的基础上向南扩大至柳林—靖边—定边—吴忠一带,呈现冲积平原三角洲平原—三角洲前缘依次发育的特征。前三角洲不发育,南部三角洲范围迅速扩大,沿吉县—富县—环县一线展布。

山西组一段(山一段)沉积期,随着海水自东西两侧快速退出鄂尔多斯盆地,受海水影响减小,到下石盒子期完全进入陆相湖盆的沉积演化阶段。山二段陆表海盆地内古地形极缓,盆地发生平原沼泽化,夹多层煤线,至山一段基本不含煤线,表明沉积环境由强还原湿润环境向弱还原环境转变(翟咏荷,2020)。

(2)中—上二叠统。中二叠世石盒子期,沉积厚度巨大,气候趋向干旱,植物减少。下石盒子期延续山西期的沉积模式,河流三角洲沉积达到顶峰,展布范围很广,存在湖相碎屑岩沉积(图 2-4)。下石盒子组主要以细砂岩或中砂岩作为含气层段的岩性标志,为油气的聚集提

第二章 地层特征

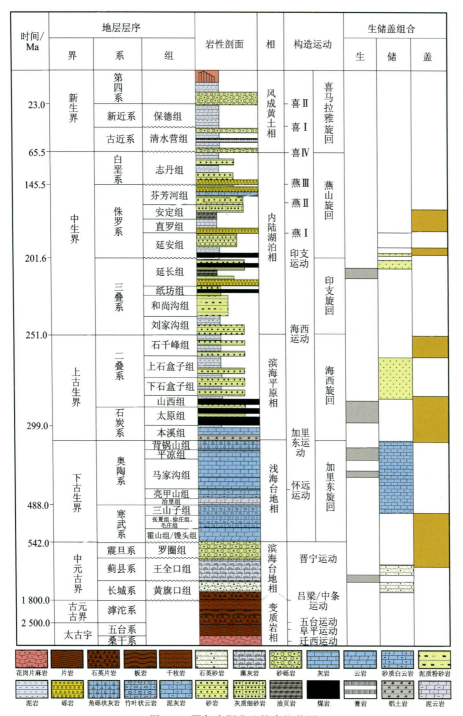

图 2-3 鄂尔多斯盆地综合柱状图

供了合适的条件。下石盒子组由下至上包括盒八~盒五 4 小段。盒八段以浅灰色或灰色砂岩及含砾砂岩为主,灰绿色岩屑石英砂岩(底部骆驼脖砂岩)粒径中等偏粗,为主要含气层系(李驰,2017)。

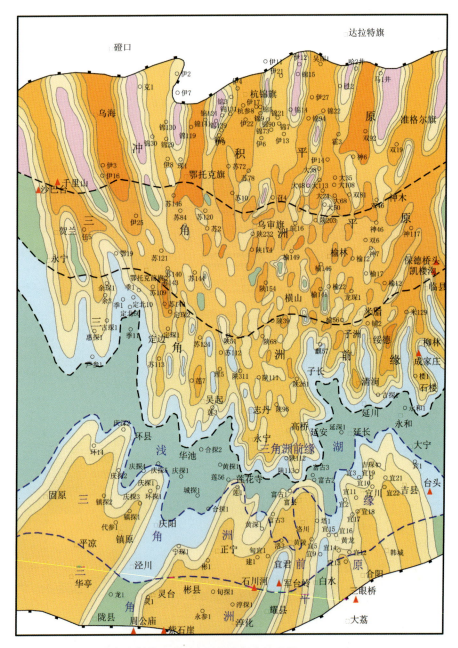

图 2-4 鄂尔多斯盆地下石盒子期岩相古地理图(中国石化华北石油局)

上石盒子期,为湖泊-三角洲沉积体系,盆地南部的古陆已经消失,北部古陆的残留湖盆开始萎缩,河流逐步退化,滨浅湖相沉积占据主要地位,仅在周缘分布少量河流-三角洲沉积。上石盒子组整体以红色泥岩为主,其中夹带薄层粉砂岩或砂岩,硅质夹层多发育于地层顶部。上石盒子组由下至上包括盒四~盒一4小段,总厚度为140~160m(李驰,2017)。

中二叠世石千峰组沉积期,北部古陆依旧存在,南部古陆消失,海水完全退出鄂尔多斯,主要发育内陆河湖相、三角洲相沉积(郭德运等,2009)。

4) 准噶尔盆地

(1) 下二叠统。准噶尔盆地下二叠统佳木河组整体以发育火山岩为基本特征,由下而上划分为3段:佳一段、佳二段以及佳三段(毕力格,2021)。佳一段,岩性主要特征为以灰色凝灰岩、灰绿色火山角砾岩为主的火山岩,以暗灰色凝灰质砂砾岩为主的火山碎屑岩和以红褐色泥岩为主的碎屑岩。相较于佳一段,佳二段沉积时期火山物质含量明显降低。佳三段时期火山活动快速减弱,以火山碎屑岩和碎屑岩为主,部分地区仍可见火山岩。

下二叠统风城组具有混合沉积的特征,岩石组成复杂,包括白云质岩类、碎屑岩类和火山岩类等。在湖盆中心发育碳酸盐岩类,湖盆中心向外发育凝灰质泥岩、火山碎屑岩及沉火山岩等,具有典型的盐(碱)湖—咸水湖发育特征(图2-5)。风城组自下而上依次为风一段、风二段和风三段。风城组各段厚度呈现自西北向东南减薄的趋势,风一段厚度为0~412m,风二段厚度为0~326m,风三段厚度为0~850m(支东明等,2019)。玛页1井揭示风一段厚度超过100m,岩性主要为灰色到深灰色较为粗粒的岩石,具体包括砂砾岩、细砂岩、粉砂岩、泥岩、玄武岩和安山岩;风二段厚度约为220m,主要岩性为深灰色到褐灰色泥质岩和粉砂岩。风三段在玛页1井中未见顶,其岩性与风二段类似,但是整体上泥质含量变多,在风三段的底部主要表现为灰色到深灰色的泥页岩。

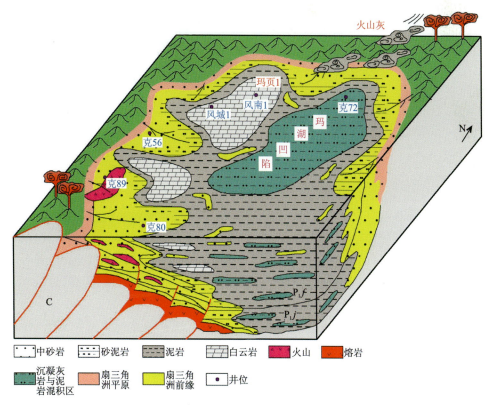

图 2-5 玛湖凹陷风城组沉积模式(唐勇等,2022)

(2) 中—上二叠统。准噶尔盆地中二叠统发育大型湖泊沉积体系。中二叠统夏子街组为一套巨厚的灰褐色、褐灰色砂砾岩夹少量灰色、褐灰色泥岩、砂岩,主要分布于西北缘、中央坳陷和东部隆起内的各凹陷。玛湖凹陷夏子街组形成于湖盆沉积背景,继承了早二叠世前陆盆地的构造格局,靠山一侧可容空间大,发育巨厚的扇三角洲砂砾体且延伸较局限(图2-6)。玛南地区由于存在1条南西—北东向的狭长沟谷地貌,从中拐凸起顺流而下的前缘砂体沿着沟谷将沉积物搬运至玛湖凹陷中部。

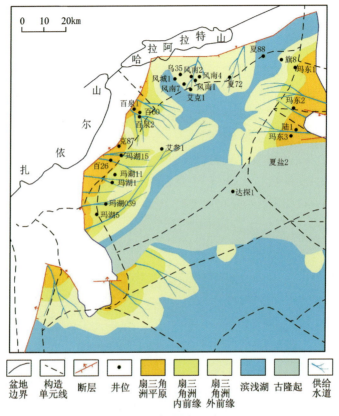

图 2-6 玛湖凹陷中二叠统夏子街组沉积相展布(杨帆等,2022)

中二叠统下乌尔禾组为一套灰色、深灰色泥岩、砂质泥岩夹灰绿色、褐灰色砂砾岩、碳质泥岩,沉积范围与夏子街组沉积范围相当(冯陶然,2017)。上二叠统上乌尔禾组沉积期,准噶尔盆地具有隆凹相间的古地貌格局,古凸起分割沟槽,而古沟槽是沉积物搬运、卸载的有利通道;盆地发育西部、北部、东部和南缘4个主要物源带,控制了沙湾、玛南、玛东、盆北、莫东、滴西、滴南、阜东、阜北、阜南十大扇三角洲沉积体系的发育(图2-7)。

玛湖凹陷上二叠统上乌尔禾组发育小范围湖泊相沉积,自西向东发育车排子中拐、克拉玛依、白碱滩和达巴松等4个大扇群(马永平等,2021)。玛湖凹陷上乌尔禾组以近物源的粗碎屑沉积为主,地层厚度为20~300m,岩性包括砂砾岩、含砾砂岩、砂岩、泥质粉砂和泥岩,其中砂砾岩颜色以灰褐色、褐灰色、灰色及深灰色为主,泥岩以褐色为主。自下而上岩石粒度逐渐变细、砾石含量逐渐减少,具明显的湖侵退覆式沉积特征。

垂向上,上乌尔禾组岩性粒度整体向上变细,呈正韵律,自下而上为乌一段、乌二段和乌三段。其中,乌一段为厚层状砂砾岩夹薄层状泥岩,乌二段为砂砾岩与泥岩互层,乌三段为厚

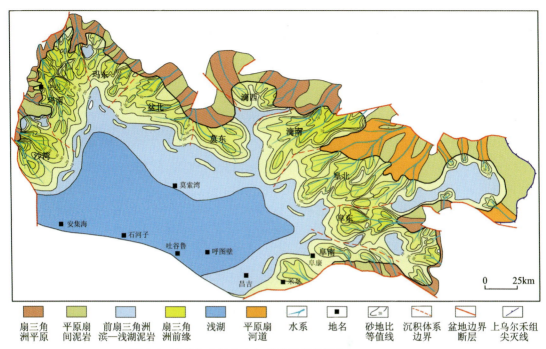

图 2-7 准噶尔盆地上乌尔禾组沉积相展布(匡立春等,2022)

层状泥岩夹薄层状砂岩,反映了湖侵阶段砂体向物源区超覆的沉积特征(图 2-8)。乌一段和乌二段沉积期,随着湖平面上升,扇体退覆沉积,自下而上逐级跨越坡折向凹陷周缘拓展,上覆乌三段广泛发育的湖泛泥岩。整体上,上乌尔禾组具备形成盆地级岩性-地层圈闭群的有利条件。

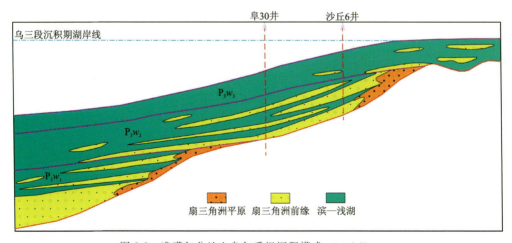

图 2-8 准噶尔盆地上乌尔禾组沉积模式(匡立春等,2022)

第三节 中生界特征

1. 三叠系特征

1)塔里木盆地

三叠纪为印支旋回期,盆地处于构造挤压环境,主要充填河流沉积体系。在三叠纪总体湿、热气候条件下,辫状河由塔里木盆地边缘向盆地深处延伸,随着地势的逐渐变缓,形成了宽阔的辫状河三角洲沉积体系。

下三叠统俄霍布拉克组以旱地扇沉积为主,为砾岩与砂泥岩互层,砾岩层厚度向上变大。砾石分选差,次圆状,有定向性,超覆于上二叠统泥岩之上。

中—上三叠统克拉玛依组为砂砾岩与泥岩互层,发育多种砂砾岩粒序,以洪积扇及入湖的扇三角洲相为主(刘海兴等,2003)。三叠系黄山组反映出河流三角洲与湖泊交替出现的情况,可以划分出分流河道、分流砂坝和支流间湾3种主要的沉积微相类型(图2-9)。塔北隆起局部三叠系发育,星火3井钻遇三叠系厚度达300余米,星火2井钻遇三叠系厚度仅几十米,受构造控制较明显。塔中隆起三叠系在该区稳定沉积,主要为一套冲积平原相和河流三角洲相沉积建造(图2-1d)。巴楚—麦盖提地区下三叠统仅发育在巴楚隆起的东南部,岩性为褐红色、褐灰色砂质泥岩、泥岩夹浅灰褐色泥质细砂岩,为湖相的砂泥岩。

上三叠统塔里奇克组下部为一套泥岩夹薄层灰岩;上部砂层增加,发育低角度交错层理,是一套滨浅湖沉积。塔里奇克组顶部发育大型槽状交错层理的巨厚砂岩,砂体间夹碳质泥岩、泥岩及煤线,是一套三角洲平原沉积。

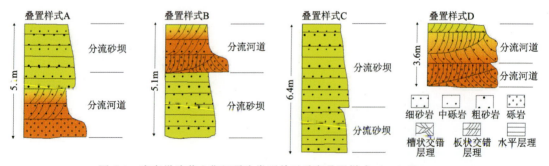

图2-9 库车坳陷黄山街组露头类型单元垂向叠置样式(朱卫红等,2016)

2)四川盆地

早三叠世继承了晚二叠世的构造沉积环境,上扬子区由碳酸盐岩缓坡发展成镶边碳酸盐岩台地;中三叠世海盆面貌发生剧烈变化,在半局限台地环境发育典型的膏盐湖相与白云岩沉积。自上三叠统须家河组开始,四川盆地进入陆相碎屑岩沉积阶段。

三叠系须家河组为一套典型的陆源碎屑岩,与下伏海相雷口坡组为假整合接触,为四川盆地由海相转向陆相的关键地层(表2-2)。须家河组总体表现为西部厚、东部薄的特征,沉积中心位于绵阳一带,厚达3000m(图2-10)。川东北地区须家河组普遍发育6段,须一段、须三段和须五段一般称为"软层",即为砂页岩,煤系地层;须二段、须四段和须六段为"硬层",由岩屑石英砂岩组成(图 2-11)。须家河组存在冲积扇、河流、湖泊三角洲等陆相沉积,辫状河三角洲等海陆过渡相沉积和海相沉积(许光,2019)。

表 2-2 四川盆地地层发育特征(杨跃明等,2022)

地层			地层代号	剖面	厚度/m	地质年代/Ma	标准层
界	系	统 组					
新生界	第四系		Q		0~380	3	
	新近系		N		0~300	25	
	古近系		E		0~800	80	
中生界	白垩系		K		0~2000	140	
	侏罗系	上统 蓬莱镇组	J_3p		600~1400		叶肢介页岩
		遂宁组	J_3sn		340~500		
		中统 沙溪庙组	J_2s_2		600~2800		
			J_2s_1				
		下统 凉高山组	J_1l		60~140		
		自流井组	J_1z		200~900	195	
	三叠系	上统 须家河组	T_3x		250~3000	205	
		中统 雷口坡组	T_2l				
		下统 嘉陵江组	T_1j		900~1700		
		飞仙关组	T_1f				

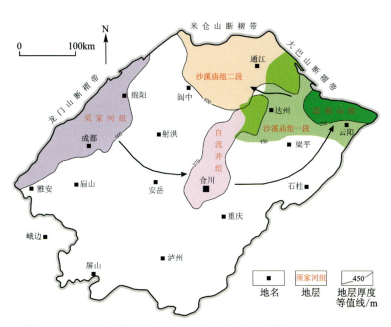

图 2-10 四川盆地须家河组—沙溪庙组沉降迁移特征(杨跃明等,2022)

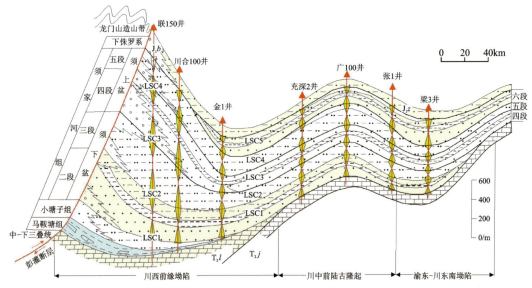

图 2-11 川西坳陷须家河组层序地层格架与充填模式(郑荣才等,2009)

(1)须一段。须一段沉积时期,整个上扬子区的抬升进一步形成东高西低地势,海水由东向西退缩,因此川西地区的物源主要来源于研究区东边的川中古隆起和北边的秦岭造山带(林良彪等,2009)。川西须一段为海相三角洲平原—海相三角洲前缘—滨岸相沉积,其中滨岸沉积主要发育于南部的雅安、眉山,以及北部的广元、剑阁等地,海相三家洲平原发育于南充、简阳等地,海相三角洲前缘则发育于龙门山前缘。

(2)须二段。须二段沉积时期,受松潘-甘孜造山带隆升的影响,龙门山造山带构造隆升和逆冲推覆作用较为强烈,而米仓山-大巴山造山带则处于稳定低幅隆升状态。因此,该时期盆-山耦合过程主要受龙门山构造山系的逆冲推覆作用控制,相关的前渊坳陷和盆地的沉降-沉积中心位于龙门山前缘的川西坳陷带(图2-12)。

(3)须三段。须三段沉积时期是盆地周缘构造山系逆冲推覆活动的暂时休眠期,该时期有利于烃源岩和区域性优质盖层的发育。川西坳陷须三段的沉降幅度巨大,最大厚度可达千米以上,而川东北坳陷和渝东-川东南坳陷以稳定低幅沉降为主,须三段厚度一般为100余米。川中前陆隆起则以稳定低幅隆升为主,须三段厚度最薄,一般为数十米。

(4)须四段。须四段沉积时期,龙门山造山带的逆冲推覆作用最为强烈,米仓山-大巴山造山带于此时期也开始进入有强烈逆冲推覆作用的隆升阶段,致使川东北坳陷沉降幅度急剧加大,沉降-沉积中心开始向川东北坳陷带扩展(图2-13),早期主体仍位于逆冲推覆作用更为强烈的龙门山造山带前缘的川西坳陷带,中、晚期则迁移至川东北坳陷带。须四段上部以发育扇三角洲和辫状河三角洲沉积体系为主,并普遍表现出向坳陷中心进积的趋势。沉积厚度川西坳陷最大,一般为150~200m,在孝泉—新场—合兴场及其以西地区厚度可达300~400m。

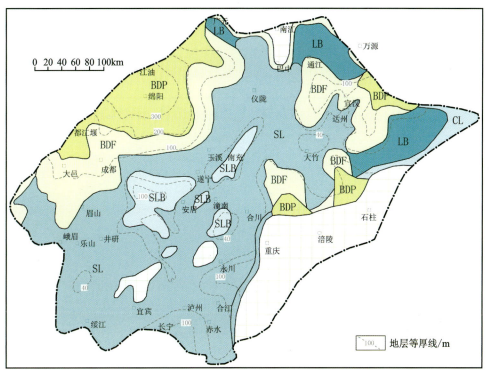

图2-12 四川盆地须二段层序-岩相古地理图(郑荣才等,2009)

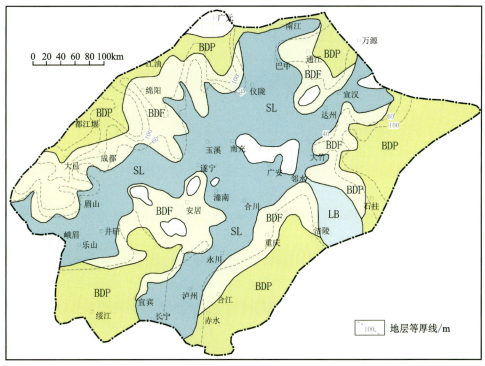

图2-13 四川盆地须四段层序-岩相古地理图(郑荣才等,2009)

(5) 须五段。须五段沉积时期,龙门山造山带再次处在逆冲推覆作用的休眠期,川西坳陷经历了稳定沉降与沉积充填过程。须五段上部以加积—弱进积沉积作用为主,辫状河三角洲沉积体系仅发育于川西坳陷南段,有较大面积,厚度一般为100~250m,平落坝、白马庙和大邑等辫状河三角洲沉积区较厚(图2-14)。

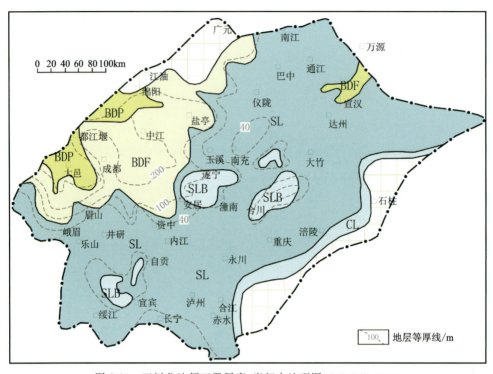

图2-14 四川盆地须五段层序-岩相古地理图(郑荣才等,2009)

(6) 须六段。受晚三叠世末期至早侏罗世早期(相当印支运动晚幕)龙门山逆冲推覆构造活动加剧的影响,川西坳陷的须六段被卷入造山带而遭受到大面积的剥蚀。类似的情况也出现在渝东-川东南坳陷东侧的盆地边缘,致使该层序保存很差,厚度和岩相变化很大。较完整的沉积记录主要保存在川北东坳陷和川中前陆隆起带,呈北东向宽带状展布,以川北东坳陷的厚度为较大。

3) 鄂尔多斯盆地

鄂尔多斯盆地三叠系自下而上划分为刘家沟组、和尚沟组、纸坊组和延长组,主要为湖相、三角洲相、河流相沉积。

刘家沟组地层厚度为350~380m,是一套红层建造,主要发育灰紫色细砂岩与紫红色泥岩互层,与下伏二叠系假整合接触。下三叠统和尚沟组厚度为110~130m,与下伏刘家沟组整合接触。和尚沟组主要发育棕红色粉砂岩、紫红色泥岩。中三叠统纸坊组与下伏和尚沟组呈整合接触,盆地南部纸坊组厚度可达650m以上,主要为河流相沉积,旋回性显著。纸坊组下部为紫红色粉砂质泥岩与粉砂岩互层,上部为灰绿色泥岩、紫灰色粉细砂岩。

延长组作为盆地最重要的含油气层系,主要由河流相、三角洲相、湖泊相组成,沉积厚度为1000~1300m。受秦岭造山期盆地内不均衡升降的影响,延长组与下伏纸坊组在盆地边缘为假整合接触,但在盆地中心为整合接触。延长组顶部有不同程度的侵蚀,与中侏罗统延安组假整合接触。根据古生物组合、沉积旋回等自下而上划分为 10 段,即长十段~长一段(图 2-15)。其中,长七段沉积期是湖盆发育鼎盛时期,也是中生界烃源岩最发育的时期(张瑞,2020)。

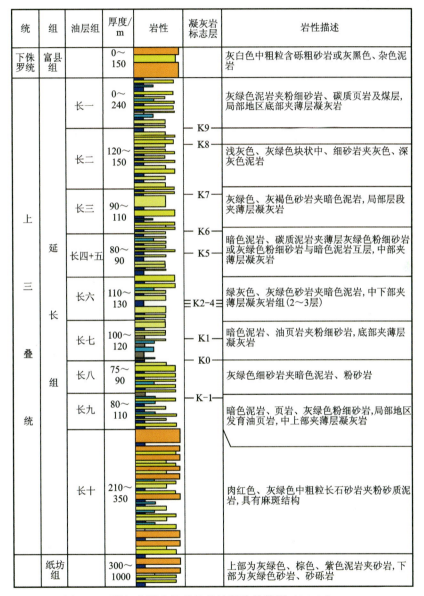

图 2-15 鄂尔多斯盆地延长组地层柱状简图(付锁堂等,2020)

长十段主要为肉红色、灰绿色中粗粒长石砂岩夹粉砂质泥岩,具有麻斑结构,亦称"麻斑砂岩"。长十段底部代表一套沉积旋回的开始,底冲刷面起伏明显。长九段与长八段则发展为三角洲沉积体系,发育灰黑色泥岩夹粉细砂岩。砂质泥岩沉积为无软沉积变形构造,水平层理、板状交错层理、楔状交错层理显著。

37

盆地南部长九段顶部发育一套黑色页岩,亦称"李家畔页岩",是重要的烃源岩发育层位。通过对沉积物源、湖盆底形、水动力条件、沉积组合和砂体叠置样式系统研究,认为长八段时期发育大型浅水三角洲沉积模式,水深一般为5~20m(罗安湘,2022)。长七段、长六段与长四+五段为一套沉积组合,主要为深灰色泥页岩与灰黑色粉砂岩。

长七段沉积期是鄂尔多斯湖盆的最大湖泛期,湖盆面积达到最大,水深达到最深,以南部半深湖—中湖底扇较发育为特征(图2-16)。长七段下部以黑色页岩为主,野外剖面具有非常显著的水平纹层、波状纹层。长七段上部为灰黑色粉砂质泥岩,夹有异重岩等重力流沉积,长七段底部通常夹有数层土黄色凝灰岩层。长七段中有地震事件、浊流事件、火山事件和缺氧事件等地质记录。

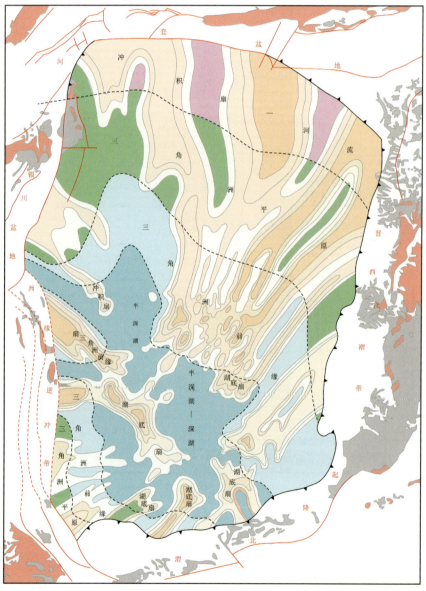

图2-16 鄂尔多斯盆地长七段沉积相图(朱广社,2014)

长六段是一套以细砂岩为特征的三角洲相沉积,为延长组重要的储油层位。长四+五段由灰黑色泥岩与粉砂岩组成,由于下伏长六段和上覆长三段均以发育大段砂岩为特征,故将中间夹的长四+五段称为"细脖子段"。长二段岩性主要为灰绿色细砂岩夹深灰色泥岩。

4)准噶尔盆地

准噶尔盆地下三叠统百口泉组的沉积范围与上乌尔禾组沉积范围相当,底部为一套褐灰色或灰绿色砂砾岩夹砂岩、砂质泥岩;上部为红褐色、棕褐色砂质泥岩、泥岩夹砂岩。百泉组自下而上又可细分为百一段、百二段和百三段。百口泉组砾岩为近源粗粒扇三角洲成因,且扇三角洲搬运机制复杂,水动力条件变化快(图2-17)。根据砾岩的沉积特征,可细分为扇三角洲平原、扇三角洲前缘及前扇三角洲,其中扇三角洲前缘又细分为前缘外带和前缘内带。沉积构造、颗粒形状、排列方式、支撑形式、胶结类型等可以反映出碎屑水道、辫状水道、辫状分支水道、辫流坝、水下分流河道、水下碎屑朵体等沉积微相。

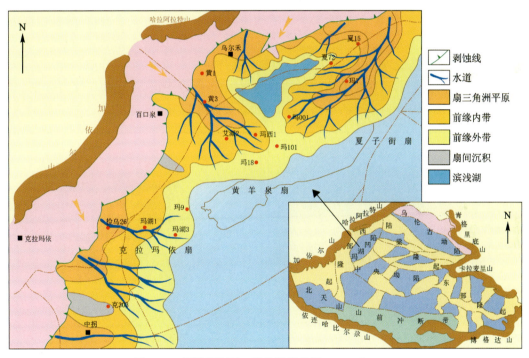

图 2-17　玛湖凹陷百口泉组沉积相图(于兴河等,2014)

以玛东地区为例,百口泉期沉积环境较为稳定,物源供给充足,扇三角洲广泛发育(钱海涛等,2020)。百口泉沉积期为湖平面上升时期,在上升早期,以扇三角洲平原亚相沉积为主,发育辫状分流河道沉积,岩性以块状褐色砾岩为主;在湖平面上升中期,向湖盆方向由扇三角洲平原逐渐过渡为扇三角洲前缘亚相,靠近湖盆中心为前三角洲泥和湖相泥岩,呈现一个完整的扇三角洲沉积序列(图2-18)。在湖平面上升晚期,湖盆范围继续扩大、沉积中心进一步向物源区迁移,主要为前三角洲和湖相泥岩。

克拉玛依组在玛湖地区可分为上、下两段。克拉玛依组下段沉积时期,处于湖盆扩张期,水体较深,但盆地边缘依靠周缘山系提供物源,三角洲沉积体系较为发育(杨帆等,2019)。局

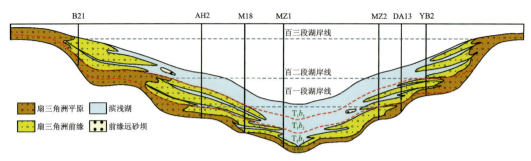

图 2-18 玛湖凹陷三叠系百口泉组湖侵体系模式(钱海涛等,2020)

部发育混杂堆积的角砾状砾岩(余宽宏等,2015),斜坡区为灰色砂砾岩、中—粗砂岩,砂砾岩、砂岩厚度一般在 10~20m 之间,以底部最为发育,夹薄层褐红色泥岩,向上逐渐变为褐灰色泥岩与薄层砂砾岩和砂岩互层,表明玛湖斜坡区大部分地区已被湖水覆盖,但湖水相对较浅。克拉玛依组上段为高位体系域沉积,斜坡区的砂体由加积逐渐向进积演变,后期沉积物逐渐向湖盆中心推进(图 2-19),发育暗色泥岩夹薄层砂岩,向上变为含砾砂岩,单层厚度为 4~8m。顶部砂体中普遍发育 2~5m 的煤层,在斜坡高部位煤层厚度更大,洼陷区煤层厚度小,表明早期水进范围较大,后期变为高位域沉积,此时地形比较平坦,沉积物向盆内进积,湖水来回震荡,甚至发生湖平面短暂的小幅下降,导致斜坡区大范围出现煤层。

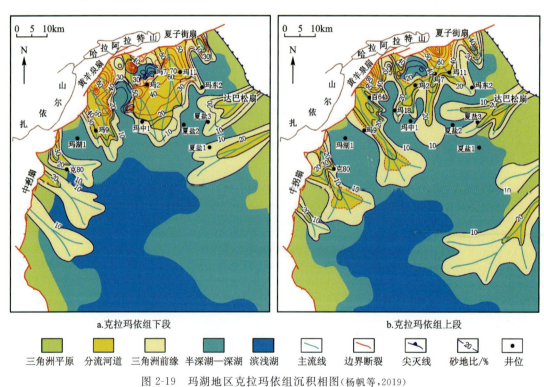

图 2-19 玛湖地区克拉玛依组沉积相图(杨帆等,2019)

上三叠统白碱滩组的沉积范围与中—下三叠统的沉积范围相当,下部以灰色、深灰色、灰黑色泥页岩、粉砂质泥岩为主,夹薄层菱铁矿;上部为灰色、深灰色泥岩、砂质泥岩夹灰绿色细、粉砂岩、灰黑色泥岩及薄层菱铁矿，局部地区顶部出现碳质泥岩和煤线。但受构造运动影响，在盆地边缘部分凸起区遭受剥蚀，缺失该套地层。沉积中心主要分布于盆1井西凹陷—昌吉凹陷内。

2. 侏罗系特征

1）塔里木盆地

下侏罗统阿合组为巨厚砂岩夹砾岩，发育大型板状及槽状交错层理，属扇缘辫状河流沉积。阳霞组为大套泥岩夹砂砾岩，局部见煤线。中侏罗统克孜勒努尔组为大套泥岩夹砂砾含巨厚煤层。从阳霞组到克孜勒努尔组，泥岩增厚、砂体变薄、煤层增厚，反映沉积环境由滨湖三角洲向湖沼和滨浅湖的环境变迁。

中侏罗统七克台组和上侏罗统奇克组以大套泥岩为主，夹薄层灰岩，主要以湖相沉积为主，齐古组顶部发育一套薄层砾岩，可能为滨湖扇体或扇三角洲沉积。

2）四川盆地

四川盆地侏罗系是一套以湖泊三角洲—扇三角洲—湖泊沉积为主的典型陆源碎屑岩。下侏罗统自下而上包括自流井组、千佛崖组；中侏罗统以沙溪庙组为主；上侏罗统自下而上为遂宁组、蓬莱镇组。

（1）下侏罗统。自流井组自下而上可分为珍珠冲段、东岳庙段、马鞍山段和大安寨段（程立雪，2011）。川东北地区珍珠冲段主要为一套砾岩、含砾粗砂岩，为三角洲相沉积。东岳庙段岩性主要为灰黑色页岩、灰色砂岩夹薄层煤线，为滨浅湖相沉积。马鞍山段湖水逐渐退去，岩性主要为深灰色、灰色泥岩和粉细砂岩，主要为滨浅湖相沉积。大安寨段主要为深灰色、灰黑色页岩与介壳灰岩互层，厚度变化较大，主要为湖相沉积（谢瑞等，2023）。湖盆中心主要位于川中西充以北，元坝和平昌以南，达州以西一带，自湖盆中心向盆地边缘依次发育半深湖、介壳滩、浅湖、滨湖、三角洲前缘等亚相（图2-20）。

千佛崖组岩性以灰色—棕色泥岩、粉砂质泥岩和灰色中细沙岩为主，在南江—通江地区发育湖泊相和三角洲相两大相以及三角洲平原亚相、三角洲前缘亚相以及滨浅湖亚相。凉高山组为同期建造，可划分为凉上段和凉下段，凉下段为紫红色泥岩夹灰绿色粉—细砂岩，凉上段为富有机质砂岩和页岩，与上覆沙溪庙组呈整合接触（李洪奎，2020）。

（2）中侏罗统。沙溪庙组为一套厚600~2800m的巨厚红色地层（图2-21），以暗紫红色泥岩为主，间夹中厚层块状砂岩。由山前至盆内，依次发育河流-三角洲-湖泊相沉积。

沙溪庙组气候干湿交替频繁，湖盆水体浅且动荡，地形较为宽缓。沙（沙溪庙组）一段为紫红色、灰绿色泥岩和紫红色长石石英砂岩。在半干旱气候条件下发育浅水三角洲，沉积相带展布宽广，单期河道砂体宽度大，表现为多个朵叶体叠置的复合体（图2-22）。沙二段为泥岩、砂岩夹泥灰岩，底部发育一套稳定沉积的青灰色砂岩。在干旱气候条件下主要发育枝状分流河道型浅水三角洲，多呈鸟足状或树枝状，砂体顺河道呈条带状分布，河道窄且互相切割（图2-23）。

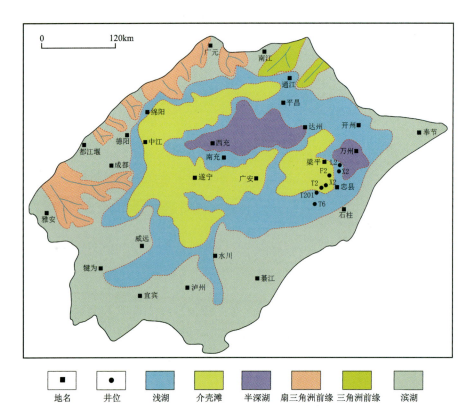

图 2-20 四川盆地下侏罗统沉积相分布图(谢瑞等,2023)

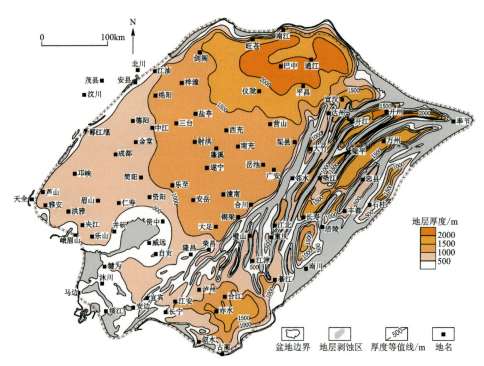

图 2-21 四川盆地中侏罗统沙溪庙组地层厚度图(杨跃明等,2022)

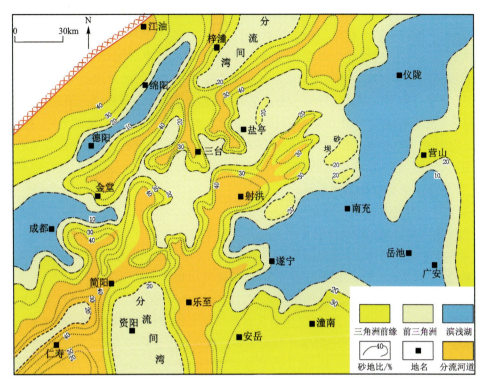

图 2-22　川中地区沙一段沉积微相分布图(杨跃明等,2022)

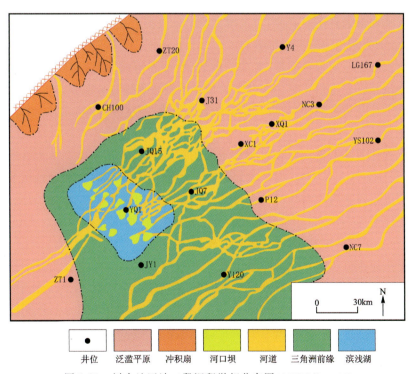

图 2-23　川中地区沙二段沉积微相分布图(杨跃明等,2022)

(3)上侏罗统。上侏罗统自下而上为遂宁组、蓬莱镇组。遂宁组主要是一套鲜红色的泥岩、粉砂岩夹中细粒砂岩。在龙门山前缘的剑门关剖面,遂宁组具明显的二分性。其下部为紫红色的泥岩、粉砂岩夹少量中厚层状中细粒砂岩;上部一般由中粗至中细粒厚层砂岩与砖红色的粉砂岩及泥岩构成的旋回组成(王永标和徐海军,2001)。蓬莱镇组可分为3段:下段为紫灰色、灰紫色中厚层至块状砂岩与紫红色粉砂岩、泥岩互层,底部以一层灰色、紫灰色块状砂岩(蓬莱镇砂岩)与下伏遂宁组整合接触;中段以紫红色泥岩为主,夹细砂岩、粉砂岩(底为"仓山页岩"之顶),组成十余个单向韵律层;上段为紫红色、鲜红色泥岩、粉砂夹灰色细砂岩及灰绿色、黄绿色页岩,由厚层至块状砂岩与泥岩组成数个大韵律层,具大型交错和平行层理,与上覆白垩系呈平行不整合接触。

3)鄂尔多斯盆地

华北地块大部分地区缺失下侏罗统。鄂尔多斯盆地在中侏罗世开始扩张,中侏罗统延安组以曲流河相和浅湖相为主,含厚煤层(李振宏等,2014)。延安组与上覆直罗组之间发育短暂的不整合,直罗组和安定组则为连续沉积,以曲流河相和浅湖相为主。

延安组是鄂尔多斯盆地最重要的含煤层系,以河流相与湖泊相沉积为主。延安组主要由灰白色中细砂岩、深灰色粉砂岩、灰黑色油页岩及煤层组成。沉积旋回显著,自下而上可分为10段,即延十段~延一段。延十段与延九段主要由灰褐色厚层砂岩、黑灰色碳质泥岩组成,可采煤层多,最厚可达90m。延八段、延七段是盆地发育的稳定充填时期,三角洲平原部分范围明显扩大,但河流作用减弱,含煤沼泽广泛发育,是主要的成煤时期(图2-24)。延五段与延四段主要发育灰白色细砂岩、灰黑色粉砂质泥岩、灰黑色碳质泥岩等。延三段、延二段与延一段在鄂尔多斯盆地南部通常遭受剥蚀,与上覆直罗组呈假整合接触。下部岩性为灰白色细粒砂岩夹粉砂岩,上部为灰色泥岩夹粉细砂岩。

直罗组由黄绿色至灰绿色砂岩、泥质粉砂岩、粉砂岩组成,岩性比较单一,主要为河流—湖泊相碎屑岩沉积。安定组主要为一套湖泊相碎屑岩与碳酸盐岩沉积,由下部的黑色页岩及钙质粉砂岩和上部灰黄色泥质岩、白云质泥灰岩等组成,厚度在100m左右。

4)准噶尔盆地

准噶尔盆地侏罗系八道湾组在进积型—加积型沉积环境下沉积了一套具旋回性交替的相带组合,在早期阶段尤其明显,但从盆地边缘向盆地中心方向,这种旋回性沉积逐渐变得不清楚。八道湾组以辫状河—辫状河三角洲—湖泊相沉积体系为主体(图2-25)。白家海凸起八道湾组地层厚度为350~600m,研究区内分布较稳定,向西倾没端增厚达600m。岩性主要为灰色砂岩、泥岩互层夹煤层,底部为砾岩或砂砾岩。

三工河组是超覆沉积于八道湾组之上的一套以辫状河—辫状河三角洲—湖泊相为主的沉积体系。三工河组的分布范围略小于八道湾组,其沉积厚度远远小于八道湾组。白家海凸起三工河组厚度为80~370m,在研究区内分布稳定。三工河组下部为一套厚层灰色砂岩与泥岩互层沉积;中部为一套厚层灰色中砂岩、粗砂岩、砾状砂岩和砂砾岩;上部主要为一套厚—巨厚灰色泥岩夹薄层灰白色钙质粉砂岩。

西山窑组是在早侏罗世晚期沉积的一套浅灰色、灰色、绿灰色细砂岩、泥质粉砂岩、泥质砂岩、不等粒砂岩夹砂砾岩和褐色、黄褐色、深灰色泥岩夹多层煤层以及碳质泥岩夹层的沉积

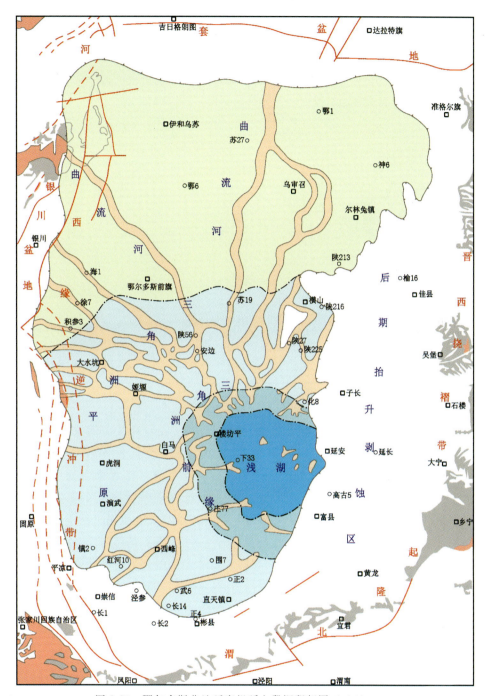

图 2-24 鄂尔多斯盆地延安组延七段沉积相图(朱广社,2014)

物组合。西山窑期是准噶尔盆地重要成煤期,曲流河三角洲及湖泊相是其主要沉积体系。白家海凸起西山窑组厚度为50～320m,研究区内分布较稳定,下部为厚层灰色中细砂岩为主,中上部岩性主要为厚层紫褐色、褐灰色、绿灰色、灰色泥岩夹灰色泥质粉—砂岩、泥质细砂岩及煤。

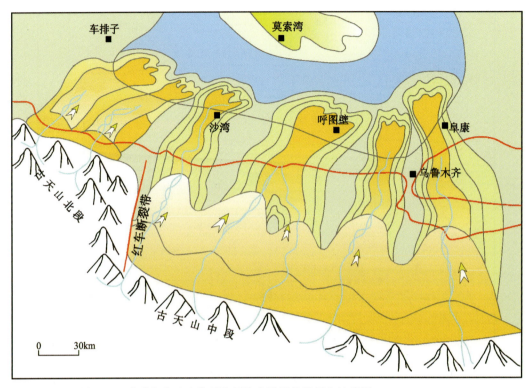

图 2-25 准噶尔盆地南缘下侏罗统八道湾组岩相古地理图(Gao et al.,2022)

头屯河组与下伏西山窑组呈不整合接触,超覆于其上,在研究区高部位部分缺失。下部以灰色、绿灰色泥岩、粉砂质泥岩为主,夹灰色、绿灰色泥质粉砂岩、粉砂岩、粉—细砂岩、泥质细砂岩、细砂岩;上部以灰褐色泥质细砂岩、泥质粉砂岩及泥岩为主,砂质泥岩不等厚互层,局部夹灰褐色细砂岩。

上侏罗统齐古组上部以中厚—巨厚层褐红色、紫褐色泥岩、砂质泥岩为主,夹薄—厚层褐灰色、灰色、浅灰色泥质粉砂岩、粉砂岩;下部以中厚—巨厚层绿灰色、灰绿色泥岩、砂质泥岩为主,夹薄—厚层灰色、浅灰色粉砂岩、粉—细砂岩及薄层灰白色钙质粉砂岩、钙质细砂岩,底部为一巨厚层的浅灰色、灰色泥质粉砂岩、粉砂岩、粉—细砂岩沉积。

3. 白垩系特征

1)塔里木盆地

塔里木盆地白垩纪处于弱挤压—挤压构造背景,盆地的沉降中心位于陆内前陆坳陷。早白垩世,在满加尔坳陷发育河流—三角洲—滨浅湖沉积体系,在塔北隆起区—满加尔坳陷发育三角洲—滨浅湖沉积体系。下白垩统全区分布,其中卡普沙良群整体上具有南厚北薄的特征,巴什基奇克组厚度则均匀分布。巴楚—麦盖提地区基本缺失白垩系。

2)四川盆地

在川西地区,白垩系可分为剑门关组与剑阁组,厚度可达1000m。剑门关组岩性可分为上、下两段。下段主要为厚层块状砾岩夹棕红色泥质、灰质砂岩或泥岩,靠近盆地北缘广元附近灰质成分增加；上段主要为紫灰色厚层岩屑砂岩、含砾砂岩与棕红色泥岩或泥质粉砂岩互层。剑阁组底部含一套胶结疏松的长石石英砂岩；中上部为细粒钙质砂岩，偶见灰质砾岩透镜体，厚度可达300m。

3）鄂尔多斯盆地

鄂尔多斯盆地白垩系仅发育下白垩统志丹群，上统普遍缺失，进一步可以细划为宜君组、洛河组、环河华池组、罗汉洞组及径川组。志丹群主要为紫红色砾岩、灰紫色砂岩、粉砂质泥岩，局部地方夹少量火山碎屑岩。在南部、西部边缘地带，底部发育灰色砾岩，与下伏地层呈角度不整合接触。

4）准噶尔盆地

准噶尔盆地白垩系由下统吐谷鲁群和上统东沟组组成。

吐谷鲁群是一套以浅水湖泊相和沼泽相为主的杂色条带状泥质岩沉积，主要岩性是由灰绿色、棕红色泥岩、砂岩泥岩、砂岩、粉砂岩组成的不均匀互层。下与喀拉扎组不整合接触，上与以红色碎屑岩为特征的东沟组整合或平行不整合接触。

东沟组分布于盆地南部，为一套山麓河流相红色沉积，厚300～600m。

第四节　新生界特征

1. 古近系特征

1）塔里木盆地

古近纪，塔里木盆地主体以充填冲积平原沉积体系为特征。塔北隆起古近系主要包括库姆格列木群和苏维依组。其中，库姆格列木群岩性主要为泥岩、膏岩、泥质膏岩，底部发育的底砂岩段是塔北重要的勘探目的层之一。塔中隆起新生界广泛分布，主要为一套河流冲积平原相沉积，从古近系到新近系砂岩粒度逐渐变细。巴楚—麦盖提地区古近系分布比较局限，由西南向东北超覆尖灭。塔西南地区发生过一次海侵过程，初期海水较浅，沉积物以滨岸潟湖膏岩沉积为主。古近系阿尔塔什组主要岩性为泥膏岩、含膏泥岩，在区域上具有南厚北薄的特征。

2）四川盆地

古近系主要分布在四川盆地南部，主要为山前洪水堆积的砾岩、砂岩及湖相砂岩和泥岩沉积。古近系由砾岩、含砾砂岩、粉砂岩及泥岩组成，下部主要为棕红色块状砾岩及含砾砂岩夹粉砂岩和泥岩；上部岩性主要为细粒砂岩、粉砂岩及泥岩组成的不等厚互层。

3）鄂尔多斯盆地

鄂尔多斯盆地古近纪继承了晚白垩世的挤压应力状态，仍处于整体隆起、剥蚀阶段。古近系仅有少量沉积，岩性为砾岩、砂岩、杂色粉砂岩与泥岩不等厚互层，局部夹白云质灰岩。

4）准噶尔盆地

准噶尔盆地古近系基本继承了白垩系稳定坳陷沉积的特点，自下向上为紫泥泉子组和安集海河组。紫泥泉子组岩性为暗红色、棕红色泥岩，砂质泥岩夹不规则的厚层块状砾岩，局部夹石膏和膏泥岩,一般厚 450～850m。安集海河组是一套湖相沉积,岩性为暗灰绿色片状泥岩,厚度一般在 350～650m 之间。

2. 新近—第四系特征

1)塔里木盆地

新近纪,塔里木盆地主体以充填冲积平原沉积体系为特征。塔北隆起新近系主要包括吉迪克组、康村组和库车组,以及第四系西域组。新近系在巴楚隆起西部的古生界露头区缺失。麦盖提斜坡新近系厚度为 1000～1500m,向巴楚隆起方向厚度逐渐减小,向塔西南坳陷区厚度逐渐增大。

第四系主要为一套未固结的砂层和砂质黏土层,在巴楚隆起厚度小于 200m,向麦盖提斜坡方向厚度迅速增大。

2)四川盆地

新近系在四川盆地南部大邑地区广泛分布,即大邑砾岩,为前陆盆地磨拉石沉积,厚度达 500m,与下伏白垩系呈微角度不整合。

3)鄂尔多斯盆地

新近纪,鄂尔多斯地区继承了古近纪渐新世的古地理格局,仅在西北地区接受部分滨浅湖相与河流相沉积。

4)准噶尔盆地

新近系主要发育曲流河泛平原沉积,自下而上包括沙湾组、塔西河组和独山子组,三者合称昌吉河群。研究区的新近系与下伏古近系呈整合或假整合接触,在山前地区沉积厚度巨大,可达 2000～2300m。

第四系主要包括西域组、乌苏群、新疆群和全新统沉积。

第三章

烃源岩特征

中西部叠合盆地陆相碎屑岩油气的主力烃源岩,从寒武系到侏罗系都有分布,根据岩相可以分为海相、海陆过渡相和陆相三大类。

海相烃源岩:塔里木盆地下寒武统玉尔吐斯组和西大山-莫合尔山组,奥陶系萨尔干组和黑土凹组,准噶尔石炭系滴水泉组、松喀尔苏组、巴塔玛依内山组和石钱滩组等。

海陆过渡相烃源岩:鄂尔多斯盆地石炭系本溪组,塔里木盆地二叠系普司格组,鄂尔多斯盆地二叠系太原组,准噶尔盆地二叠系佳木河组和风城组等。

陆相烃源岩:准噶尔盆地二叠系下乌尔禾组、平地泉组和芦草沟组,塔里木盆地三叠系黄山街组和塔里奇克组,四川盆地三叠系须家河组,鄂尔多斯盆地上三叠统延长组,塔里木盆地侏罗系阳霞组和克孜勒努尔组,四川盆地侏罗系自流井组和凉高山组,鄂尔多斯盆地侏罗系延安组,准噶尔盆地侏罗系八道湾组和西山窑组等。

第一节 海相烃源岩

1. 寒武系烃源岩

早寒武世是全球生物发展演化的重要时期,发生了包括寒武纪生命大爆发、第一次生物大灭绝、大洋缺氧等全球重要环境事件。这一时期,塔里木盆地和四川盆地均广泛沉积富有机质岩层,并构成了各自盆地的重要烃源岩。

1) 玉尔吐斯组

塔里木盆地下寒武统玉尔吐斯组除塔中—巴楚地区外大面积分布,厚10~50m,古构造格局对于优质烃源岩的分布有显著的控制作用(图3-1)。

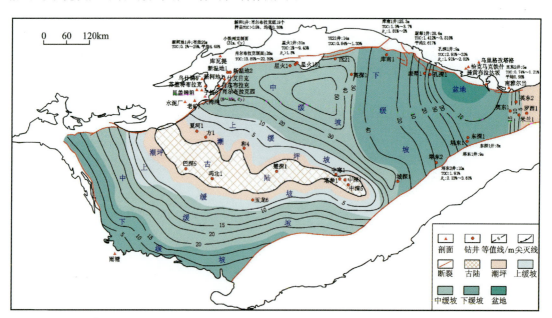

图3-1 塔里木盆地下寒武统玉尔吐斯组烃源岩厚度平面分布预测(顾忆等,2020)

早寒武世,塔里木地区逐渐从裂谷盆地演化为被动大陆边缘盆地,玉尔吐斯组沉积期快速海侵,热液流体随上升洋流将大量还原性气体、多金属元素(Ba、V、Fe、Cr、Ni、Cu、U 等)以及生命营养元素(Si、P、N 等)带入海洋,激发了藻类的大量繁盛(主要成烃生物),而缺氧环境使得黑色岩系中的有机质得以大量保存,最终形成富有机质的黑色页岩。柯坪地区玉尔吐斯组底部含磷黑色页岩 TOC(总有机碳)含量高达 20%,与现代海相沉积磷质岩分布于中、低纬度且一侧为深水大洋盆地的温暖气候带的大陆边缘环境相似。

通过对塔里木盆地寒武系野外详细踏勘和实验分析,在阿克苏地区十余个露头点发现了玉尔吐斯组优质烃源岩,岩性为黑色页岩,TOC 含量主要分布在 2%～16% 之间,特别是在于提希、什艾日克沟等剖面,黑色页岩层 TOC 含量 16%。这套优质烃源岩分布稳定,厚度在 10～15m 之间,主要形成于中缓坡—下缓坡沉积环境,有机质的富集受上升洋流控制(图 3-2)。

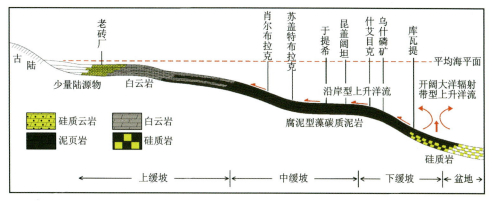

图 3-2　塔里木盆地玉尔吐斯组沉积模式(朱光有等,2016)

杨海军等(2020)对轮探 1 井下寒武统样品进行了系统的有机地球化学分析。其中,对岩屑热解结果进行了 I_H-T_{max} 绘图,并与盆地西北部的什艾日克剖面浅钻样品进行了对比(图 3-3)。总体上轮探 1 井有机质类型为Ⅱ型,部分岩屑样品显示有机质类型为Ⅲ型。对玉尔吐斯组烃源岩干酪根元素分析结果进行了 H/C-O/C 关系制图(图 3-4),可以看到玉尔吐斯组烃源岩干酪根有机质类型为典型Ⅱ型,成熟度位于凝析油—湿气阶段。盆地模拟研究显示,玉尔吐斯组早期埋藏较浅,现阶段出现了最高地层温度,代表了典型的晚期生烃。

2)西大山-莫合尔山组烃源岩

下寒武统中上部斜坡陆棚相、深水盆地相烃源岩主要发育于满加尔地区及其周缘地区,在库鲁克塔格的南雅尔当和却尔却克剖面,满加尔坳陷区的库南 1、塔东 1、塔东 2、尉犁 1、英东 2、米兰 1 等井所见。南雅尔当和却尔却克剖面主要发育西大山组盆地相的黑色泥岩、泥晶灰岩等烃源岩,其中南雅尔当烃源岩厚度达 53m,库南 1 井岩性主要为泥质泥晶灰岩夹暗色灰质泥岩,为浅水斜坡相的沉积,TOC 含量平均为 1.22%,烃源岩厚度可达 163m。总体上,满加尔坳陷区烃源岩厚度一般在 50～200m 之间。以斜坡陆棚相烃源岩最为发育可达 100～150m。塔西南东南部—塘古巴斯地区主要斜坡陆棚相烃源岩,依据满加尔地区斜坡相烃源岩发育程度,推测该地区的烃源岩厚度一般可达 50m。

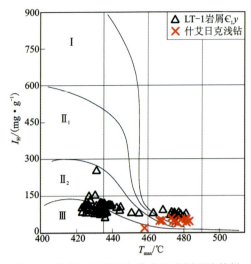 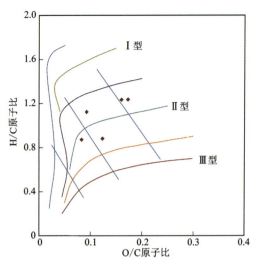

图3-3 轮探1井岩屑与什艾日克剖面浅钻样品热解 I_H-T_{max} 对比图(杨海军等,2020)

图3-4 轮探1井玉尔吐斯组烃源岩干酪根 H/C-O/C关系图(杨海军等,2020)

2. 奥陶系烃源岩

塔里木盆地奥陶系富有机质泥页岩主要发育在盆地西部的萨尔干组和盆地东部的黑土凹组(图3-5)。

1)萨尔干组

萨尔干组主要分布于阿瓦提坳陷西部及柯坪地区,厚度由东向西增厚。在柯坪地区,萨尔干组为一套厚13.4m的夹灰色薄层状或透镜状灰岩的黑色页岩沉积,黑色页岩TOC含量为0.65%~2.83%,平均为1.63%(王飞宇等,2008)。黑色页岩的累积厚度为11~12m,有机质类型为Ⅱ型,有机质主要源于藻类和疑源类,黑色页岩的等效镜质组反射率值为1.58%~1.61%。柯坪地区萨尔干组沉积时期 $\delta^{13}C$ 和 $\delta^{18}O$ 正向偏移、$^{87}Sr/^{86}Sr$ 比值降低、海平面上升、海洋生物集群灭绝,并且都具有全球性等时的特点,这是Caradoc早期发生大洋缺氧事件的结果(图3-6)。大洋缺氧事件期间,海洋中喜氧生物快速灭绝,厌氧生物则迅速繁殖,烃源岩原始有机质的数量急速增加,生产力水平相应增高。

2)黑土凹组

黑土凹组主要分布在满加尔坳陷、孔雀河斜坡及库鲁克塔格露头区,为欠补偿盆地相沉积的灰黑色碳质与硅质泥页岩,含笔石与放射虫。据中国石油天然气集团有限公司资料显示,塔东2井钻井揭示黑土凹组厚度为63m,岩性为黑色碳硅质泥岩,TOC含量一般为0.35%~7.62%,平均为2.84%,烃源岩厚度为54m;塔东1井钻厚48m,为巨厚层黑色碳质页岩与厚层灰黑色泥岩相,TOC一般为0.84%~2.67%,平均为1.80%;据王成林(2011)米兰1井黑土凹组TOC一般为0.49%~1.92%,平均为1.09%。从总体来看,中—下奥陶统黑土凹组为一套海相优质烃源岩。

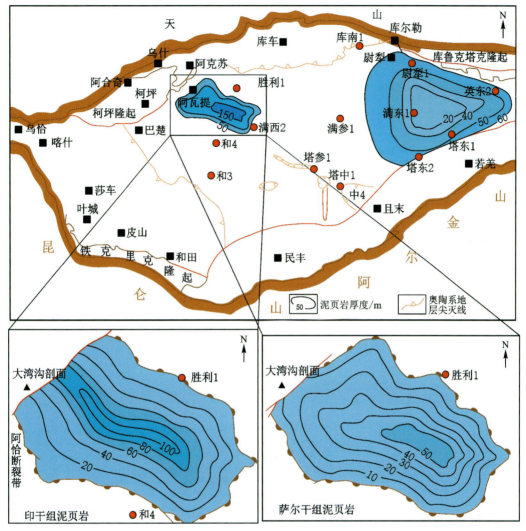

图 3-5 塔里木盆地奥陶系泥页岩分布(乔锦琪等,2016)

图 3-6 大湾沟剖面 Caradoc 早期大洋缺氧事件主要表征与全球性对比(廖晓等,2018)

3. 石炭系烃源岩

准噶尔盆地在下石炭统滴水泉组、松喀尔苏组，上石炭统巴塔玛依内山组、石钱滩组均发育烃源岩。准噶尔盆地石炭系不同地区烃源岩 TOC 含量、有机质类型、成熟度不同（王小军等，2021）。盆地西部烃源岩埋藏时间早，热演化程度高，主要形成天然气藏；东部烃源岩埋藏时间较晚，既生成石油也生成天然气；北部的乌伦古地区烃源岩埋藏时间最晚，有机质类型与前述地区也存在差别，以生成石油为主。

滴水泉—大井地区存在滴水泉、五彩湾、大井 3 个生烃中心（图 3-7），烃源岩为下石炭统滴水泉组、松喀尔苏组和上石炭统暗色泥岩、碳质泥岩和薄煤层，厚度为 20～350m，横向分布不均匀。泥岩 TOC 含量为 0.03%～4.04%；碳质泥岩 TOC 含量为 0.46%～24.61%，平均可达 9.81%；煤岩 TOC 含量为 17.3%～37.59%，平均为 29.51%；有机质类型以 II_2—III 型为主，普遍表现出腐殖型特征。滴水泉凹陷及其周缘石炭系烃源岩镜质组反射率 R_o 相对较高，为 0.41%～2.16%，平均为 1.09%，R_o 大于 1.0% 的样品约占 70%，总体处于早生气阶段，部分进入到生气高峰阶段，该区已经发现了克拉美丽、五彩湾气田。

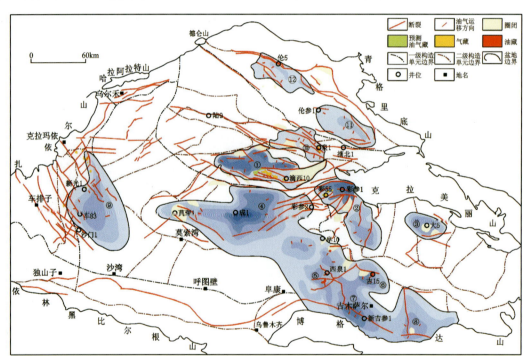

图 3-7 准噶尔盆地石炭系有效烃源岩分布（王小军等，2021）

含油气子系统：①滴水泉；②大井；③石钱滩；④东道海子；⑤北三台；⑥吉木萨尔；⑦博格达山前；⑧古城；⑨中拐-沙湾；⑩三个泉；⑪滴北；⑫伦 5

阜康—北三台—吉木萨尔地区，存在东道海子、北三台、吉木萨尔和古城等生烃中心（图 3-7），石炭系烃源岩的岩性主要为碳质泥岩、泥岩，夹薄煤层或煤线。泥岩 TOC 含量为 0.55%～5.83%，生烃潜量（S_1+S_2）为 0.21～13.16mg/g，总体为中等—好烃源岩，部分为差烃源岩。碳质泥岩 TOC 含量为 6.19%～41.2%，生烃潜量（S_1+S_2）为 1.10～78.79mg/g，总体属于中等—好的烃源岩，部分为差烃源岩，有机质类型主要为Ⅲ型，部分为Ⅱ_2型，R_o总体较低，为 0.48%～1.87%，平均为 0.77%，R_o 小于 1.0% 的样品占 70%，总体处于低成熟—早生气阶段，既生成石油，也生成天然气。

第二节 海陆过渡相烃源岩

1. 石炭系烃源岩

鄂尔多斯盆地石炭系本溪组主要为障壁海岸沉积环境，发育广覆式分布的海陆交互相煤系烃源岩。本溪组岩性为深灰色泥岩、灰黑色碳质泥岩和煤层，从下至上分为本一段、本二段。在盆地东缘临兴气田，本溪组煤的 TOC 含量主要集中在 20%～40% 和 60%～90% 两个区间内，平均含量约 52.2%；暗色泥岩的 TOC 含量为 0.11%～9.1%，平均值为 3.1%。本溪组煤的生烃潜量最低可至 0.46mg/g，最高可达 250mg/g，平均约 65.0mg/g；暗色泥岩生烃潜量平均约 2.1mg/g（刘闯，2022）。

从临兴地区本溪组 8#＋9# 煤的成熟度演化来看，煤的生烃主要有 2 期：第 1 期为中侏罗世，该期生烃持续时间较长，平均生烃速率不高，生烃产率一般；第 2 期为早白垩世，该期生烃速率较大，生烃产率增加值较高，生气强度达到历史最大，是主要的生烃期（图 3-8）。

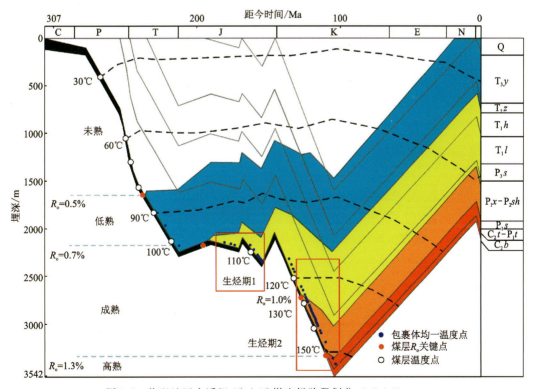

图 3-8　临兴地区本溪组 8#＋9# 煤生烃阶段划分（陶传奇等，2022）

2. 二叠系烃源岩

1) 塔里木盆地

二叠系普司格组烃源岩在塔西南坳陷内广泛分布,尤其在叶城-和田凹陷最为发育(王静彬等,2017)。2010年中国石油天然气集团有限公司在柯东1井的白垩系砂岩中获得高产油气流,取得了自柯克亚油田发现以来该地区的再次重大突破,而油源对比则表明其源岩为二叠系普司格组烃源岩,更加明确了叶城-和田凹陷内油气的来源。

杜瓦地区普司格组烃源岩主要发育在滨湖亚相、浅湖亚相及半深湖亚相中,烃源岩岩性以灰黑色、深灰色、灰褐色泥岩为主,夹少量灰色灰岩,乌鲁吾斯塘地区和杜瓦地区为2个烃源岩发育中心(图3-9)。烃源岩具有很低Pr/Ph值、较高γ-蜡烷指数等特点,为较强还原性、较高盐度下具有一定水体分层的湖相沉积产物。杜瓦地区普司格组烃源岩有机质丰度受氧化还原条件、沉积速率、原始生产力、海平面变化等多因素综合影响。普司格组烃源岩TOC含量为0.12%~5.68%,为差—中等烃源岩,有机质类型以Ⅱ型、Ⅲ型为主,生油气能力较好,主体处于成熟—高成熟阶段,少数处于低成熟阶段,有效厚度约341m。

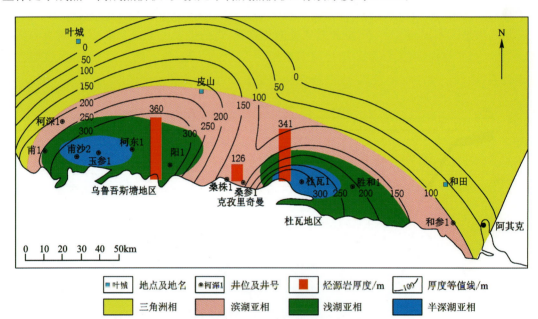

图3-9 普司格组烃源岩沉积相及厚度分布特征(王静彬等,2017)

2) 鄂尔多斯盆地

鄂尔多斯盆地二叠系太原组形成于障壁海岸沉积环境,与本溪组类似,广泛发育煤和暗色泥岩烃源岩。太原组地层总厚度在30~65m之间,灰岩一般厚10~40m。太原组地层岩性主要为灰黑色煤层和深灰色泥岩,由下至上分为庙沟段、毛儿沟段、斜道段和东大窑段(图3-10)。

在盆地东缘临兴气田,太原组煤TOC含量分布在40%~80%之间的样品占90%,平均含量约56.2%;太原组暗色泥岩TOC含量分布范围为0.37%~76.1%,平均值为11.4%;太原组部分暗色泥岩TOC含量较高,最高可达76.1%,其共性在于这部分暗色泥岩中都含有较多的碳质成分。太原组煤的生烃潜量分布范围为2.02~309.37mg/g,平均约119.2mg/g,

是临兴地区生烃潜量最好的层段。太原组暗色泥岩生烃潜量平均约19.0mg/g,最高可达187.8mg/g,高于煤的平均生烃潜量,也是由这部分暗色泥岩中大量的碳质成分导致的(刘闯,2022)。

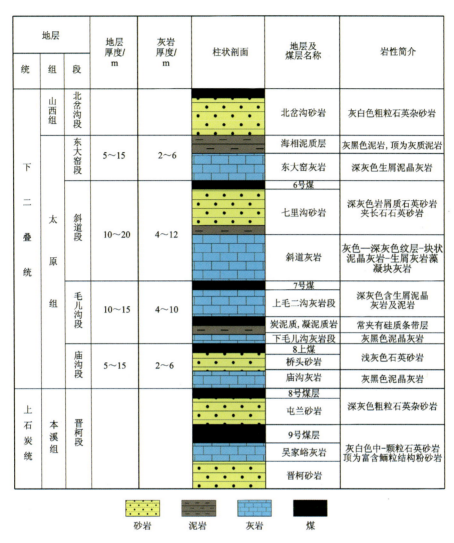

图3-10 鄂尔多斯盆地中东部太原组地层综合柱状图(罗顺社等,2023)

3)准噶尔盆地

(1)佳木河组。准噶尔盆地佳木河组集中分布于中央坳陷内,在西北缘克拉玛依油田五—八区及其周围有揭露,分上、中、下3段,烃源岩主要发育在佳木河组下段。佳木河组在西北缘存在一个烃源岩厚度中心,厚度在200m以上,风城1井钻揭厚178m的深灰色凝灰质泥岩。盆1井西凹陷最大厚度在50m以上,东道海子北凹陷东段、沙湾凹陷西段和阜康凹陷也存在烃源岩厚度中心,一般为50~100m。

佳木河组烃源岩主要在准西北缘有钻井揭示,沉凝灰岩和泥岩样品分析,有机质丰度较低,TOC含量为0.08%~0.90%,平均值为0.37%,氯仿沥青"A"含量为0.014%~0.346%,

平均值为0.076%,总烃含量为0.002%~0.199%,平均值为0.041%,生烃潜量S_1+S_2为0.13~6.60mg/g,平均值为1.61mg/g。车拐地区烃源岩TOC含量为0.16%~2.19%,平均值为1.09%,明显高于准西北缘。该套烃源岩干酪根碳同位素值较重,$\delta^{13}C$值为-23.10‰~-21.81‰,平均值为-22.23‰,有机质类型以Ⅲ型为主,个别为Ⅱ型。整体上,该套烃源岩有机质丰度与生烃潜量较低,为非—差烃源岩,仅部分样品达到好烃源岩标准。

(2)风城组。准噶尔盆地风城组烃源岩主要分布在玛湖凹陷、盆1井西凹陷和沙湾凹陷(图3-11)(匡立春等,2022),平均厚度为100~650m,近断裂带区域的厚度较大;厚度大于150m的分布面积达$1.85×10^4 km^2$。风城组烃源岩TOC含量平均为2.2%,氢指数平均为376mg/g,为一套富有机质的Ⅰ、Ⅱ型烃源岩。低Pr/Ph比值(<1.2)、富含γ-蜡烷和β-胡萝卜烷等生物标志化合物,反映风城组烃源岩形成于强还原的咸化碱湖环境,有机质母源以浮游生物和藻类为主。

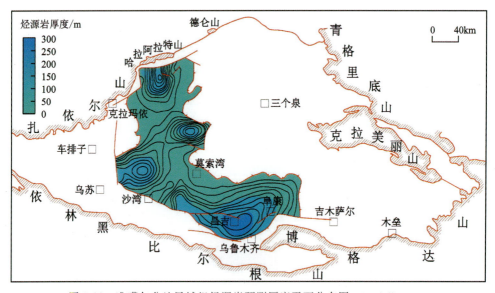

图3-11 准噶尔盆地风城组烃源岩预测厚度平面分布图(匡立春等,2022)

在玛湖凹陷,风城组具有纹层沉积结构,富含有机质和分散状黄铁矿,烃源岩累计厚度超过200m,是凹陷内最主要的烃源岩(支东明等,2019)。该套烃源岩形成于碱湖环境,岩性为独特的云质混积岩,生烃母质为藻类,细菌发育,有机质丰度高(TOC>2.0%),类型为Ⅰ—Ⅱ$_1$型。风城组碱湖烃源岩显微组分区别于其他湖相烃源岩显微组分,以生油为主,且生油能力高(王小军等,2018)。

第三节 陆相烃源岩

1. 二叠系烃源岩

1)鄂尔多斯盆地

鄂尔多斯盆地二叠系山西组沉积期主要发育三角洲前缘亚相沉积,沉积了多套深灰色泥页岩、碳质泥岩夹细砂岩、粉砂岩的岩性组合。延安地区山一段(山西组一段)广泛发育一套黑色、灰黑色泥页岩,泥页岩厚度为15～35m,呈多条南北向条带状分布。在延安地区,山一段泥页岩厚度中心分布于子长—延川、延安东—延长和志丹—永宁—富县地区,泥页岩最大厚度可超过30m(图3-12)。

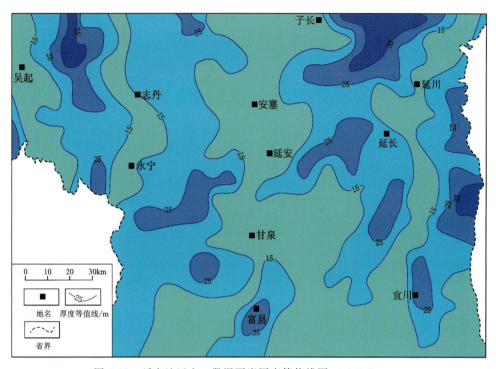

图3-12　延安地区山一段泥页岩厚度等值线图(孙建博等,2022)

山一段泥页岩TOC含量较低,低于四川盆地五峰组—龙马溪组,泥页岩样品测试结果显示R_o介于2.33%～2.85%之间。山一段泥页岩S_1一般小于0.35mg/g,平均为0.07mg/g(图3-13a);热解S_2在0.05～0.63mg/g之间,具有明显的双峰分布特征,平均值为0.24mg/g(图3-13b),原始生烃潜量(S_1+S_2)为0.07～1.19mg/g,平均为0.31mg/g。根据烃源岩有机质热演化成熟度评价标准,延安地区山西组泥页岩有机质热演化均达到了过成熟阶段,且已经进入了生干气阶段。

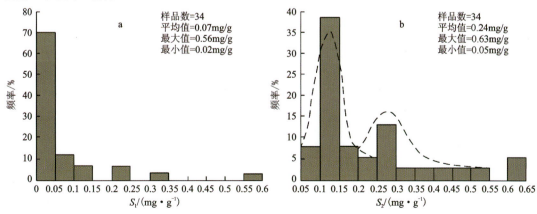

图3-13　山一段泥页岩层系热解S_1和S_2分布直方图(孙建博等,2022)

2)准噶尔盆地

(1)下乌尔禾组烃源岩。准噶尔盆地中二叠统下乌尔禾组烃源岩主要赋存在盆1井西、沙湾、大井、东道海子、吉木萨尔、古城、梧桐窝子、博格达山前等多个沉积、沉降中心。该套烃源岩在盆地西部仅玛湖凹陷钻遇差烃源岩,烃源岩有机质类型主要为Ⅲ型,少量的Ⅱ型(张鸾沣,2015)。陆梁—盆1井西东环带和车排子—中拐地区发现的原油地球化学特征指示源岩为腐殖型、腐泥型烃源岩,推测沙湾、盆1井西凹陷的下乌尔禾组烃源岩为一套腐殖型、腐泥型烃源岩。该套烃源岩在盆地东部博格达山前广泛出露,北三台凸起、吉木萨尔、大井、东道海子等凹陷也普遍钻遇,为一套黑灰色的泥岩、页岩、油页岩夹薄层碳酸盐岩、粉—细砂岩,纵向上呈薄韵律性互层状。页岩、碳酸盐岩和粉—细砂岩都具有生烃能力。页岩类为主力烃源岩,泥质碳酸盐岩部分具有一定生烃能力,页岩绝大部分样品TOC含量大于1%,最高可达13.86%,生烃潜量一般大于6mg/g,最高可达254.43mg/g,而粉—细砂岩则生烃潜力低(霍进等,2020)。

(2)平地泉组。平地泉组分布于克拉美丽山前的五彩湾—石树沟、阜康凹陷和东道海子凹陷,厚度一般为100~200m,最大厚度达250m,是一套以Ⅰ—Ⅱ$_1$型母质为主的烃源岩(何文军等,2019)。TOC含量普遍大于2.0%;生烃潜量为0.02~131.65mg/g,平均为14.12mg/g;氯仿沥青"A"含量为0.002%~0.920%,平均为0.170%。北三台凸起以北地区平地泉组埋深不大,成熟度低,但阜康凹陷斜坡区埋深大,热演化程度高。

(3)芦草沟组烃源岩。芦草沟组咸化湖相烃源岩主要分布在莫索湾凸起以东的阜康、东道海子等凹陷(图3-14),展布面积达1.61×10^4km^2(匡立春等,2022)。芦草沟组烃源岩TOC含量平均为5.16%,氢指数平均为334mg/g,为一套富有机质的Ⅱ型烃源岩;生物标志化合物特征主要表现为C_{30}藿烷质量分数占绝对优势、γ-蜡烷含量相对较低、C_{24}四环萜烷质量分数相对较高,反映芦草沟组烃源岩形成于较还原的微咸水环境,有机质母源为陆生高等植物、浮游植物和藻类。

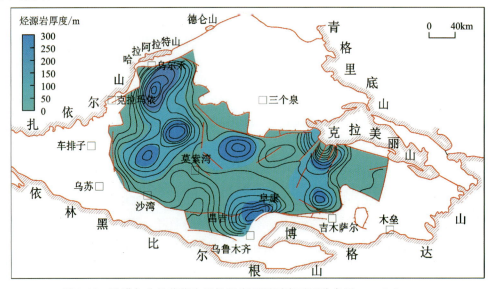

图3-14 准噶尔盆地芦草沟组烃源岩预测厚度平面分布图(匡立春等,2022)

2. 三叠系烃源岩

1) 塔里木盆地三叠系

库车坳陷范围内广泛蕴含油气藏,区内三叠系泥岩是其油气来源之一。

(1) 黄山街组。三叠系黄山街组富有机质泥页岩作为典型的陆相泥页岩之一,主要发育于浅湖、半深湖、深湖、辫状河三角洲、河漫湖泊以及滨湖相。黄山街组地表剖面烃源岩主要为Ⅲ型有机质,地表剖面烃源岩样品 T_{max} 值介于 442~458℃ 之间,处于低成熟—成熟阶段(黄文魁,2019)。TOC 含量多介于 0.5%~3% 之间,R_o 多为 0.5%~2%,泥页岩生烃潜力巨大,储集性能好,具有较大的页岩气勘探潜力和开发前景(乔峰,2018)。

(2) 塔里奇克组。塔里奇克组暗色泥岩有机质丰度中等,有机质类型以Ⅲ型为主,烃源岩主体处于成熟—高成熟阶段,整体厚度薄且分布局限,是该区一套次要烃源岩。

2) 四川盆地三叠系

四川盆地三叠系烃源岩主要是上三叠统须家河组。须家河组烃源岩主要发育在须(须家河组)一段、须三段和须五段。烃源岩厚度中心分布在川中以西地区,平均厚度 100~400m,而广大川中地区烃源岩厚度基本在 20~60m 之间。烃源岩演化程度由下向上逐渐降低,须一段、须三段、须五段的 R_o 值分别为 1.1%~2.2%、1.0%~1.8%、0.8%~1.4%,处于大量生气早、中期阶段(段文燊,2021)。须家河组Ⅰ类区天然气地质资源量可达 $28\ 300×10^8\ m^3$,Ⅱ类区可达 $11\ 000×10^8\ m^3$(表 3-1)。

表 3-1 须家河组须一段、须三段、须五段有利区评价参数表(赵文智等,2011)

层位	潜力类别	有利面积/km^2	有效厚度/m	有效孔隙度/%	含气饱和度/%	风险系数	地质资源量/$×10^8\ m^3$
须一段	Ⅰ	3000	20	4.0	50	0.42	4800
	Ⅱ	2000	12	5.0	45	0.35	1700
须三段	Ⅰ	3500	25	5.5	55	0.56	7300
	Ⅱ	3000	18	6.0	48	0.49	4800
须五段	Ⅰ	8000	25	6.5	50	0.49	16 200
	Ⅱ	3500	20	6.0	48	0.45	4500
合计	Ⅰ	14 500	20~25	4.0~6.5	50~55	0.42~0.56	28 300
	Ⅱ	8500	12~20	5.0~6.0	45~48	0.35~0.49	11 000

(1) 须一段。须一段主要以泥灰岩、泥页岩和粉砂岩为主,黑色代表了一套碳酸盐岩缓坡-潮坪沉积(陈斌,2019)。须一段页岩的埋深主要分布在 3000~5000m 之间,底界平均埋深约 4500m。须一段黑色页岩累计有效厚度约 50m,厚度分布不均,在靠近龙门山山前的都江堰—大邑地区厚度较大,平均厚度大于 120m,向南东逐渐减薄(图 3-15)。在龙门山前,须一段黑色页岩 TOC 含量总体较高,在前陆盆地内大部分 TOC 含量大于 1,越靠近山前区域,

TOC 含量越高(陈斌,2019)。在川西坳陷,须一段的有机质类型比较丰富,包括Ⅰ型、Ⅱ型、Ⅲ型干酪根,中段以Ⅲ型干酪根为主,Ⅰ型干酪根次之;而北段和南段基本上都是Ⅲ型干酪根(杨见等,2012)。整体为中等—好的烃源岩,须一段烃源岩普遍处于高成熟—过成熟演化阶段。须一段下亚段为主力烃源,生烃强度为$(10\sim60)\times10^8\mathrm{m}^3/\mathrm{km}^2$,其中 TOC 含量为 1.65%(唐大海等,2020)。

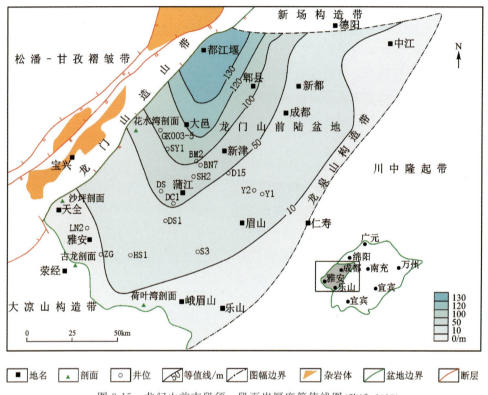

图 3-15 龙门山前南段须一段页岩厚度等值线图(陈斌,2019)

(2)须三段。须三段烃源岩是须家河组的主要烃源岩,分布范围极广,为一套三角洲—浅湖、半深湖—沼泽沉积,岩性为黑色页岩、碳质页岩与多种粒级的岩屑砂岩、砾岩互层(郑荣才等,2008)。在川西坳陷,须三上亚段泥岩厚度为 10~100m,在鸭子河、新场和梓潼地区可达 90m;须三中亚段泥岩厚度为 10~120m,马井、鸭子河和高庙子地区最厚,可达 100m 以上;须三段下亚段泥岩厚度为 20~250m,金马、鸭子河地区最厚,可达 200m 以上(图 3-16)。须三段上亚段碳质泥岩和煤的厚度为 1~10m,大邑地区、德阳地区的厚度最大;中亚段碳质泥岩和煤的厚度为 2~13m,高值区分布在马井、梓潼和丰谷地区;须三段下亚段碳质泥岩和煤的厚度为 5~40m,高值区分布在大邑和崇州地区(图 3-17)。总体来说,须三段下亚段碳质泥岩和煤厚度较大。

在川中地区,须三段成熟烃源岩厚度大于 20m 的面积占 80% 以上,R_o 值为 1.0%~1.8%(赵文智,2010)。在普光地区,须三段的有效烃源岩厚度主要为 20~30m,东部和西南部等地区稍厚;TOC 含量为 0.6%~1.5%,以中等烃源岩为主,普光东南部、西北部等地区的 TOC 含量较大,为好的烃源岩(李松峰等,2016)。

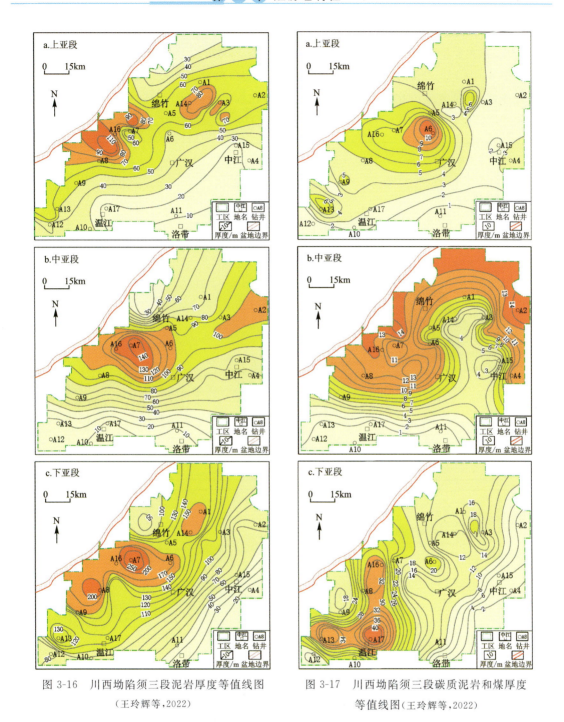

图 3-16 川西坳陷须三段泥岩厚度等值线图
（王玲辉等，2022）

图 3-17 川西坳陷须三段碳质泥岩和煤厚度
等值线图（王玲辉等，2022）

（3）须五段。须五段烃源岩厚度多大于 200m，川西南部地区厚度大于 350m，川中—川北地区须五段烃源岩一般厚 50～100m；川东南部地区须五段烃源岩厚度多小于 50m（图 3-18a）。须五段烃源岩 TOC 含量平面分布与烃源岩厚度分布具有一定的对应关系，TOC 含量高值区主要位于川西地区，其次为川南—川东地区（图 3-18b），川西地区须五段烃源岩有机质丰度最高、覆盖面积最大。干酪根碳同位素值为 −28‰～−22.5‰，其中绝大部分在

—25.5‰～—22.5‰之间(杨光等,2016),其干酪根类型属于Ⅱ型或Ⅲ型,干酪根类型大部分为腐殖型,存在少量腐殖—腐泥型干酪根混合的情况。须五段烃源岩热演化程度适中,镜质组反射率R_o为1%～2%,属于成熟—高成熟阶段,处在大量生气早—中期,热演化程度具有一定规律性:川西南部—川西中段—川北地区热演化程度较高,R_o基本大于1.2%,川中地区热演化程度较低。

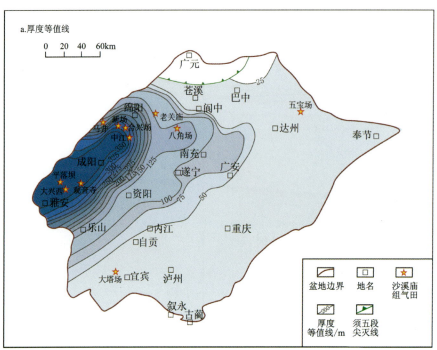

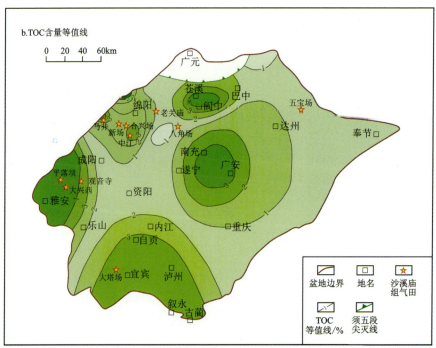

图3-18 须五段烃源岩厚度等值线和TOC含量等值线图(杨春龙等,2021)

3) 鄂尔多斯盆地

鄂尔多斯盆地南部上三叠统延长组烃源岩主要为内陆河湖相的暗色泥质岩类，主要发育层位为长（延长组）九段、长七段和长八段等层组（图3-19）。

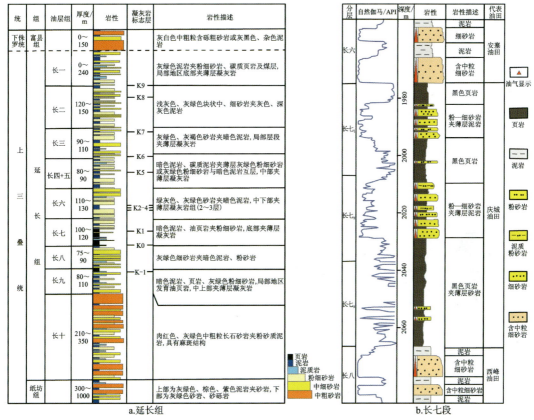

图 3-19 鄂尔多斯盆地延长组及长七段地层柱状简图（付锁堂等，2020）

(1) 长七段。长七段烃源岩以湖相富有机质泥岩和富有机质页岩为特征。在长七段沉积早期，印支运动使扬子板块向华北板块俯冲，秦岭造山带快速隆升，强烈的构造活动使湖盆快速扩张，形成面广水深的半深湖—深湖。长七段沉积于坳陷湖盆发育鼎盛时期，形成厚度近110m、面积超过 $65 \times 10^4 \mathrm{km}^2$ 的黑色页岩、暗色泥岩和粉—细砂岩混积层系，总体以泥质岩类为主，黑色页岩厚 10～35m，暗色泥岩厚 10～50m（付锁堂等，2020）。

根据沉积构造、岩石组成和有机地球化学特征，将鄂尔多斯盆地长七段烃源岩分为黑色页岩和暗色泥岩2种（表3-2）。平面上，长七段黑色页岩和暗色块状泥岩均呈大面积、广覆式分布的特征，2种岩相在平面上呈互补分布，即在黑色页岩发育区，暗色块状泥岩厚度较薄或不发育，反之亦然（图3-20）。

表 3-2 鄂尔多斯盆地长七段烃源岩划分标准（罗安湘等，2022）

类型	沉积构造	平均厚度/m	TOC含量/%	自然伽马/API	密度/(g·cm^{-3})	感应测井电阻率/(Ω·m)
黑色页岩	纹层	16	6～16	>180	<<2.4	>80
暗色泥岩	块状层理	17	2～6	120～180	2.4～2.5	40～80

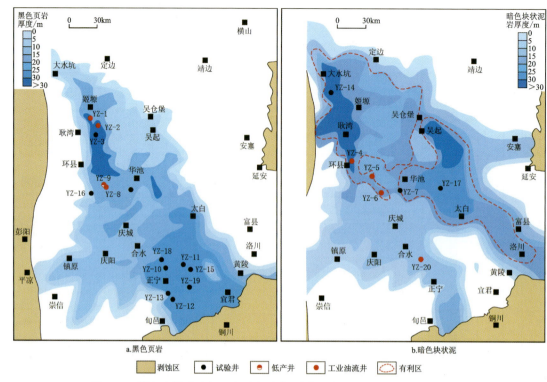

图 3-20 鄂尔多斯盆地长七段黑色页岩、暗色块状泥岩分布图(杨华等,2016)

长七段烃源岩有机质类型好,有机母质来源以湖相藻类为主,有机母质类型为腐泥型—混合型,其中,黑色页岩干酪根类型主要为Ⅰ型和Ⅱ₁型;暗色泥岩干酪根类型主要为Ⅱ₁型和Ⅱ₂型,生油母质条件好。有机质丰度高,黑色页岩残余 TOC 含量平均为 13.81%,最高可达 40.00%;暗色泥岩残余 TOC 含量为 2.00%~6.00%,平均为 3.75%,较黑色页岩有机质丰度低,但与中国其他陆相盆地相比,长七段暗色泥岩仍属于有机质丰度较高的烃源岩。镜质体反射率为 0.9%~1.1%,平均最高热解温度达 447℃,均已达成熟阶段,处于生油高峰期(罗安湘等,2022)。

结合岩心地球化学标定,利用测井资料对盆地内黑色页岩和暗色泥岩进行精细解释,长七段黑色页岩和暗色泥岩面积分别为 $4.3×10^4 km^2$ 和 $6.2×10^4 km^2$,呈广覆式互补分布,即在黑色页岩发育区,暗色泥岩厚度较小或不发育,反之亦然。烃产率高,液态烃产率为 200~400kg/t、气态烃产率为 80~350m³/t,总生烃量为 $1228×10^8 t$。烃源岩排烃效率高且运聚系数大,黑色页岩和暗色泥岩排烃率分别为 77.3% 和 42.7%,石油运聚系数达 10.1%(罗安湘,2022)。

长七段沉积环境为半干旱半湿润、陆相淡水、还原沉积环境,古平均温度为 16℃(Yu et al.,2022)。温暖的气候有利于植被稳定繁荣的生长,且由于降水丰富,水体大而深,形成缺氧环境,使大量有机质得以保存。此外,湖盆提供了营养物质,为有机质的富集创造了物质基础。高初始生产力和缺氧水环境在有机质富集和保存中起着关键作用。从长七₃到长七₁,TOC 含量和初始生产力逐渐降低,还原性逐渐降低,表明有机质的富集和保存与初始生产力和氧化还原条件密切相关(图 3-21)。综合认为,长七段黑色泥岩有机质形成于中—高等原生生产力条件下,沉积过程中受氧化还原保存条件控制。

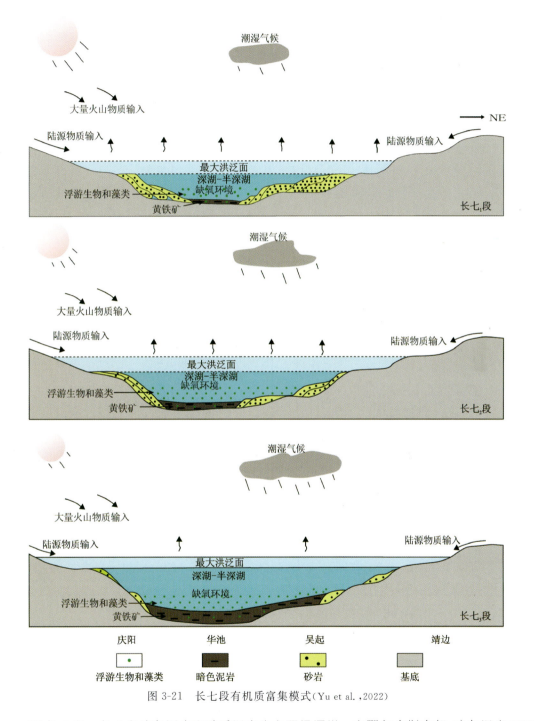

图 3-21　长七段有机质富集模式(Yu et al.,2022)

(2)长八段。长八段暗色泥岩和碳质泥岩为主要烃源岩。在鄂尔多斯南部,暗色泥岩 TOC 含量为 0.28%~5.63%,平均值为 1.67%,TOC 含量介于 0.5%~1.0%之间的样品占 22.2%,

TOC 含量大于 1.0% 的样品占 66.7%;S_1+S_2 为 0.10~37.84mg/g,平均值为 4.25mg/g;氯仿沥青"A"为 0.03%~0.50%,平均值为 0.20%;总烃为 (35.42~3 831.58)×10^{-6},平均值为 1 085.73×10^{-6}。碳质泥岩 TOC 含量为 6.23%~68.27%,平均值为 21.26%;S_1+S_2 为 24.70~243.63mg/g,平均值为 83.54mg/g;综合评价长八段暗色泥岩为较好—好烃源岩,长八段碳质泥岩为好烃源岩。暗色泥岩生烃潜量在彬长和富县地区平均值均大于 6.0%,镇泾地区平均值大于 2.0mg/g,为好—较好烃源岩。

(3) 长九段。长九段烃源岩可分为 2 组,主要分布在长九$_2$下部和长九$_1$顶部,长九$_2$烃源岩为灰黑色泥岩和页岩,局部为油页岩和碳质页岩。长九$_2$累积厚度一般为 0~10m,面积约 80 000km^2;主要分布在定边—桥镇—黄龙,有 2 个发育中心(图 3-22a)。厚度大于 10m 的烃源岩面积约 5000km^2。长九$_1$烃源岩(对应李家畔页岩)以灰黑色泥、泥页岩、页岩为主要特征,累积厚度一般为 5~10m,盆地中心凹陷处可见厚度变厚,定边—桥镇一带可见厚度达 15m,形成了由西北向东南的 2 个烃源岩发育中心(图 3-22b)。烃源岩厚度大于 10m,可达 15 000km^2。

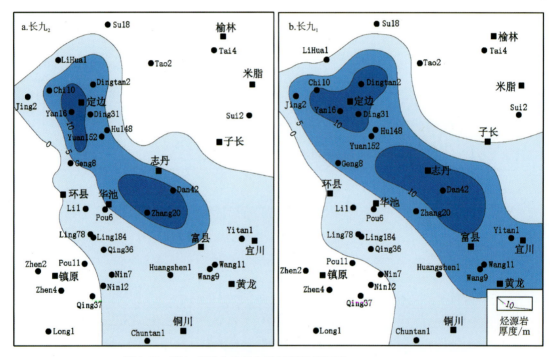

图 3-22 鄂尔多斯盆地长九段烃源岩等厚层(Zhou et al.,2008)

长九段烃源岩主要发育于浅—半深湖相环境,发育灰黑色泥岩、页岩和油页岩。长九段暗泥岩 TOC 峰值为 7.72%,均值为 4.36%;氯仿沥青"A"含量峰值为 8.93%,均值为 1.32%;S_1+S_2 峰值为 18.68mg/g,均值为 9.09mg/g;干酪根类型主要为 Ⅰ 型(腐泥型)和 Ⅱ 型(混合型)。从热演化程度看,长九段烃源岩 R_o 值在 0.66%~1.01% 之间,表明有机质已成熟,处于高产期。综上所述,长九段烃源岩总体上是一套优质烃源岩(Zhou et al.,2008)。

3. 侏罗系烃源岩

1)塔里木盆地侏罗系

塔里木盆地侏罗系烃源岩主要分布在库车、塔西南、塔东南山前带。库车坳陷中—下侏罗统煤系烃源岩以阳霞组和克孜勒努尔组为主,岩性为暗色泥岩、碳质泥岩和煤。

(1)阳霞组。阳霞组为湖沼交替沉积环境,泥质烃源岩沉积中心分为东、西2个:东为克拉2井—库车河剖面—依南2井一带,泥质烃源岩厚度约为230m;西为卡普沙良河剖面—老虎台一带,泥质烃源岩厚190~230m(郭继刚等,2012)。在库尔干地区及塔拉克地区烃源岩最薄,仅40m左右。阳霞组的煤东厚西薄,在依南2井最厚,达到24m,在吐格尔明地区为15.64m。阳霞组泥质烃源岩有机质丰度具有中心高、边缘低的分布特征,TOC含量分布在1.0%~4.0%之间,有机质丰度高,总体为中—好烃源岩。依南地区各井阳霞组泥质烃源岩的TOC值、S_1+S_2值和I_H值均比各剖面值大,反映出成熟度及风化作用对有机质丰度、生烃潜力的影响较大(表3-3)。

表3-3　库车坳陷阳霞组泥质烃源岩有机质丰度统计(郭继刚等,2012)

剖面(井)	样品数量	TOC/%	T_{max}/℃	$(S_1+S_2)/(mg \cdot g^{-1})$	$I_H/(mg \cdot g^{-1})$
依南2井	30	3.31	449	5.86	119
依南4井	11	3.89	445	6.26	136
依深4井	21	3.23	437	3.70	102
依西1井	24	3.75	483	2.71	55
克孜1井	22	3.61	471	2.35	56
库车河	23	2.31	448	1.17	57
卡普沙良河	24	2.37	520	0.42	17
阿瓦特河	17	1.27	552	0.14	12
塔拉克	13	1.75	444	1.03	51

(2)克孜勒努尔组。克孜勒努尔组泥质烃源岩的分布与阳霞组相似,沉积中心和阳霞组一致。东部沉积中心厚约300m,西部厚约200m。该组在东西两端最薄,东部的吐格尔明地区厚57m,西部的阿瓦特河仅厚32m。克孜勒努尔组煤的厚度分布变化较大,依南2井最厚,达到28m,盆地的东西周缘没有分布。克孜勒努尔组泥质烃源岩有机质丰度变化大,依南地区各井TOC含量都大于2.0%,热解潜量为1~6mg/g,均较高。库车河剖面有机质丰度最低,TOC含量为1.4%,且烃源岩尚在生油窗前期,成熟度对它们的影响小。卡普沙良河剖面、阿瓦特河剖面已处在高成熟阶段,但TOC含量仍在2.0%左右,热解潜量在1.0mg/g左右,表明烃源岩丰度还较高。

2)四川盆地侏罗系

(1)自流井组。自流井组湖相暗色泥岩及碳酸盐岩非常发育,自流井组大安寨段沉积期是四川盆地早侏罗世中期最大的一次湖侵期,构造活动较为平静,淡水生物大量繁殖生长,在大范围内分布着成层稳定的介屑灰岩与黑色泥页岩,烃源岩厚度多分布在10~130m之间,可以形成良好的烃源岩。自流井组暗色泥质岩 TOC 含量为 0.07%~4.51%,平均为 1.19%;碳酸盐岩 TOC 含量为 0.08%~1.54%,平均为 0.34%,均展示了自流井组有较好的生烃潜力。泥质岩干酪根腐泥组含量很高,为 47%~79%;碳酸盐岩干酪根腐泥组含量为 33%~75%;源岩干酪根类型主要为Ⅱ型,少数样品为Ⅰ型,有机质类型较好。烃源岩 R_o 为 0.70%~1.12%,正处于成油高峰期,有利于油气的大量生成。从生烃强度平面图分析,仪陇地区为生烃强度最高的地区,达到了 $(80~100) \times 10^8 m^3/km^2$(图 3-23)。

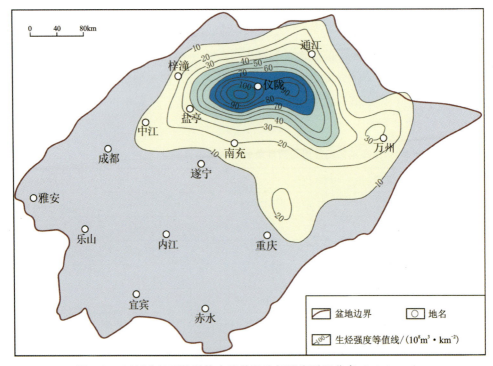

图 3-23 四川盆地下侏罗统自流井组生烃强度平面分布(段文燊,2021)

(2)凉高山组。凉高山组泥页岩在川东地区具有分布面积广阔、埋深较浅、资源潜力大的特点(李世临等,2022)。据四川盆地第四次资源评价结果,川东地区为凉高山组的主生烃中心,致密油地质资源量和可采资源量分别为 $1.215 \times 10^8 t$(黄东等,2019)。凉高山组暗色泥页岩具有分布连续性稍差、层数多、单层厚度小的特点,发育层数 5~27 层,最大单层厚度为 6~33m,总厚度在 15~112m 之间。平面分布上川东腹地较厚,即梁平—大竹—垫江一带发育厚度较大(图 3-24)。

在川东地区,凉高山组烃源岩较好的分布在垫江—梁平—忠县—石柱一带,平均 TOC 含量超过 1.5%。通过干酪根镜检有机质类型和岩石热解参数类型划分,干酪根类型以 $Ⅱ_1$ 型为主, $Ⅱ_2$ 型和Ⅲ型为辅。烃源岩处于成熟—高成熟演化阶段。在平面上, R_o 呈现由中间往四周增高的趋势,垫江地区最低,由该地区向四周逐渐增大,至川东地区东部的云阳—建南—丰都以南地区, R_o 平均值高达 1.4%。总生烃强度一般在 $(1.59~8.97) \times 10^8 m^3/km^2$ 之间,在垫江、忠县、梁平区域内构造生烃强度相对较高(图 3-25)。

第三章 烃源岩特征

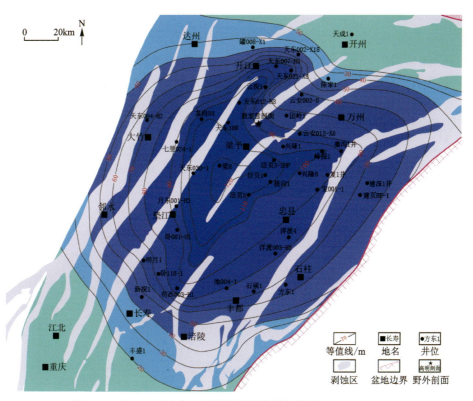

图 3-24　川东地区凉高山组烃源岩厚度等值线图（李世临等，2022）

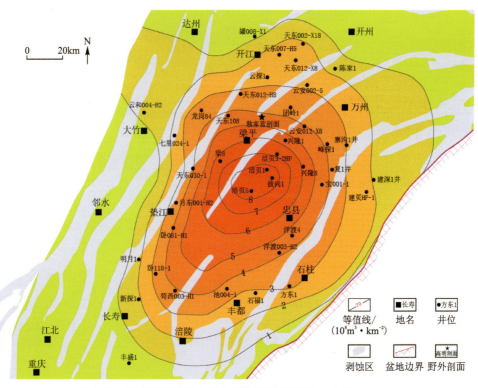

图 3-25　川东地区凉高山组生烃强度等值线图（李世临等，2022）

3) 鄂尔多斯盆地

延安组是鄂尔多斯盆地侏罗系主要的含油层段,除发育泥质烃源岩外,突出特点就是煤层及煤系地层在盆地内广泛分布。延安组烃源岩以延九段和延七段油层组为主,在彭阳地区主要为碳质泥岩及暗色泥岩,有机质丰度较高,TOC 含量平均为 2.32%,氯仿沥青"A"平均为 0.083 2%,氢碳原子比平均为 262mg/L(刘联群等,2010)。在镇原地区,延安组烃源岩 TOC 含量平均为 1.13%,最大值为 3.05%,氯仿沥青"A"的平均值为 0.015 8%,总烃含量平均值为 $66.9×10^{-6}$,生烃潜量平均为 0.82mg/g,为差烃源岩(韩宗元等,2007)。延安组烃源岩表现出强的姥鲛烷优势,而 γ-蜡烷值偏低,表明有机质多在浅湖相及沼泽相的弱还原条件下沉积。

4) 准噶尔盆地

准噶尔盆地侏罗系发育下侏罗统八道湾组和中侏罗统西山窑组两套煤系烃源岩,有效烃源岩主要分布在盆地南部,存在南缘中部和四棵树凹陷 2 个生烃中心(图 3-26)。

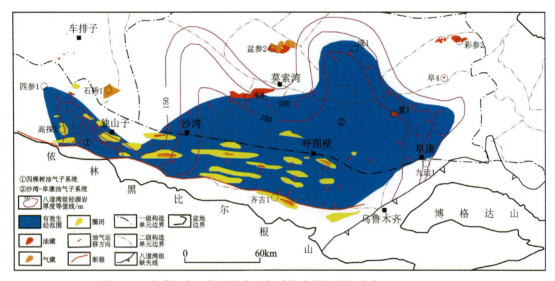

图 3-26 准噶尔盆地侏罗系含油气系统有效烃源岩分布(王小军等,2019)

八道湾组烃源岩最大厚度可达 300m 以上,最厚区域位于南缘中部一带,暗色泥岩烃源岩 TOC 含量为 0.17%~10.6%,碳质泥岩和煤层有机碳含量较高,为 2.4%~91.94%。

西山窑组烃源岩主体分布于南缘凹陷区,最大厚度在 200m 以上,四棵树凹陷烃源岩厚度为 100~250m,暗色泥岩烃源岩 TOC 含量为 0.39%~4.67%,碳质泥岩和煤层 TOC 含量为 15.7%~75.48%(何文军等,2019)。侏罗系暗色泥岩烃源岩和碳质泥岩、煤层烃源岩有机质类型以 II_2 型和 III 型为主。

第四章

碎屑岩储层特征

<<<<<<

中西部叠合盆地碎屑岩储层分布层位多,按岩相、岩性大致可以划分为海相砂岩储层、陆相砂岩储层、陆相致密砂岩储层、火山岩储层等4类。

海相砂岩储层主要发育在塔里木盆地志留系的柯坪塔格组和塔塔埃尔塔格组,石炭系的东河塘组。陆相砂岩储层包括塔里木盆地三叠系、准噶尔盆地新近系。陆相致密砂岩是中西部碎屑岩储层主要类型,包括鄂尔多斯盆地和准噶尔盆地的二叠系储层;四川盆地、鄂尔多斯盆地和准噶尔盆地的三叠系储层;塔里木盆地、四川盆地和鄂尔多斯盆地的侏罗系储层;塔里木盆地和准噶尔盆地的白垩系储层;塔里木盆地古近系储层等。火山岩储层分布在塔里木盆地和准噶尔盆地二叠系、鄂尔多斯盆地三叠系。

第一节 海相砂岩储层

1. 志留系

1)柯坪塔格组

柯坪塔格组位于志留系底部,分布面积约 $23.6 \times 10^4 \mathrm{km}^2$。储层分石英砂岩和岩屑砂岩两种,石英砂岩主要分布在塔中和塔北,其形成环境是滨岸、潮间带低潮坪、潮下带潮汐水道及和扇三角洲,岩屑砂岩主要分布在塔东等地区。该组内部分布一套30~50m厚度稳定的灰色泥岩(中泥岩段),泥岩上、下分别为柯(柯坪塔格组)上段和柯下段。以顺北地区为例,与下段相比,柯上段石英含量较高,顺9井中石英含量可达75%左右,总体上刚性骨架颗粒含量高,岩石抗压实作用强;以灰色中粗粒长石石英砂岩、岩屑石英砂岩为主(图4-1)。柯下段属于淤泥质滨岸沉积,低水动力条件沉积的岩屑砂岩抗压实作用弱,埋藏压实作用控制残余粒间孔形成发育。柯上段属于砂质滨岸沉积,水动力条件强,分选淘洗强烈,骨架颗粒抗压实作用强,砂体连通性好,以溶解作用为主,次生溶蚀孔隙发育(张福顺和张旺,2017)。

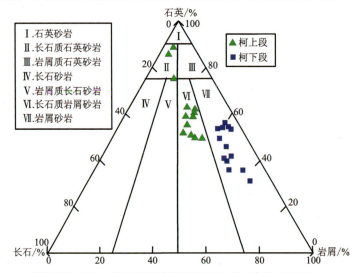

图4-1 顺托果勒地区志留系柯坪塔格组岩石成分三角图(张福顺和张旺,2017)

塔中和塔北地区石英含量可达65%以上，其孔隙度大于9%，渗透率大于$2×10^{-3}\mu m^2$，石英砂岩的平均孔隙度比岩屑砂岩高3%~8%，渗透率则高几个数量级（图4-2），因此石英砂岩的分布区即为优质储层的分布区。塔东等岩屑砂岩分布地区的储层控制因素为成岩压实，其压实减孔10%~26%、胶结减孔8%~24%；有效储层（孔隙度大于9%，渗透率大于$2×10^{-3}\mu m^2$）的埋藏深度小于4500m（张惠良等，2004）。

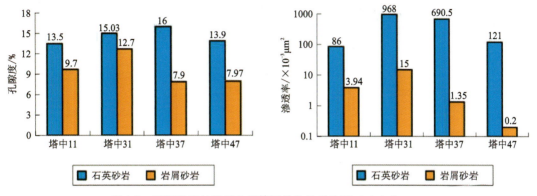

图4-2　石英砂岩与岩屑砂岩储层的物性对比图（张惠良等，2004）

2）塔塔埃尔塔格组

塔塔埃尔塔格组上砂岩段岩性以岩屑砂岩为主，少量岩屑石英砂岩、岩屑长石砂岩和长石岩屑砂岩。岩屑含量较高，一般为30%~67%，成分以浅变质岩类（千枚岩和片岩类）和火山岩为主，有些井中可见碳酸盐类岩屑（如中11井）；石英含量较低，一般为24%~38%；长石含量一般小于15%，多数为5%~10%，顺2井中长石含量较高，可达15%以上。

2. 石炭系

塔里木盆地东河塘组是在海侵的背景下沉积的一套滨岸砂体，岩性特征表现为石英砂岩、岩屑石英砂岩和长石石英砂岩（张哨楠等，2004）。砂岩的成分成熟度较高，总体表现为石英含量高、岩屑和长石含量低的特点。石英含量一般大小65%，大部分在75%以上，以单晶石英为主；长石含量一般小于5%，以钾长石为主；岩屑含量多数在20%左右，以石英岩屑为主，其次为泥质岩屑、方解石碎屑、喷出岩岩屑和碳酸盐岩屑。

储层的孔隙类型主要有残余原生粒间孔、粒间溶孔、粒内溶孔、超大孔隙和黏土矿物晶间微孔隙。塔里木盆地东河砂岩储层的储集性能在盆地内的不同地区有较大的差异。卡塔克隆起、塔北和满西地区的储层物性最好，为中高孔中高渗储层；而巴楚、玛扎塔格、塘北等地区储层物性相对较差。

以塔河地区东河塘组为例，孔隙度一般为6%~20%，平均为11.25%；渗透率为$(0.1~100)×10^{-3}\mu m^2$，平均为$23.99×10^{-3}\mu m^2$。上述孔渗统计数据表明，虽然东河塘组砂岩物性相对较好，但仍为中低孔、中低渗储层（图4-3）。东河塘组砂岩孔渗正相关性好（图4-4），当孔隙度小于12%时，渗透率很小（多数小于$5×10^{-3}\mu m^2$）；当孔隙度大于12%，渗透率随孔隙度的增大而迅速增大（冯兴强等，2008）。

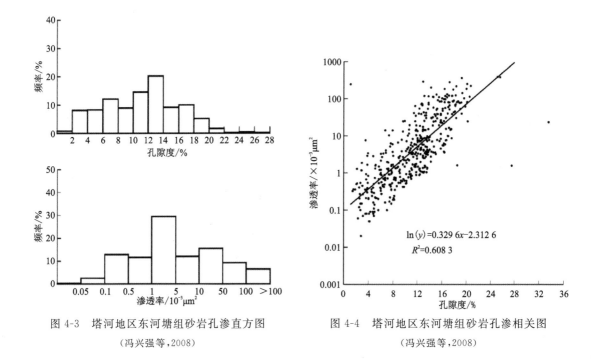

图 4-3 塔河地区东河塘组砂岩孔渗直方图
（冯兴强等，2008）

图 4-4 塔河地区东河塘组砂岩孔渗相关图
（冯兴强等，2008）

第二节 陆相砂岩储层

1. 三叠系

塔里木盆地三叠系砂岩是轮南、桑塔木、解放渠等油田主要产层，主要发育辫状河—辫状河三角洲—湖泊沉积体系。储层总体上是由分选好—中等、矿物成分成熟度较高的中—细砂岩组成，颗粒以次圆次棱为主。组成岩石的主要碎屑组分是石英、岩屑和长石。在三端元组分分类图中，主要的岩石类型是长石岩屑砂岩、岩屑长石砂岩，长石石英砂岩、岩屑石英砂岩及石英砂岩较少。

三叠系储层物性从纵向上来看，中油组孔隙度最大，上油组最小（图 4-5）。数据分析可知三叠系孔隙度与砂岩颗粒大小密切相关。S73 井下油组的细砂岩孔隙度最小，粗砂岩的孔隙度最大（图 4-6）。T204 井三叠系上油组岩性以中砂岩为主，孔隙度值集中在 23% 左右。根据 THN1 和 AT1 井的压汞资料处理分析，三叠系储层渗透性与喉道粗细密切相关。储层孔隙结构较好，孔隙度、渗透率高。按砂岩储层孔隙结构分类评价标准，其孔隙结构为中高孔、高渗、均匀粗喉孔隙分布储层类型。三叠系储层岩心毛管压力曲线和孔喉分布结果显示，大多数孔喉半径主要集中在 $0.004\sim73.5\mu m$ 之间，平均孔喉半径 $5.2\mu m$。总体而言，三叠系储层孔隙结构好、非均质程度严重，为均匀中孔粗喉、中—高渗的孔隙型碎屑岩储层。

三叠系成岩阶段主要处于晚成岩 A 期，局部埋藏较深的部位可达到晚成岩 B 期，储层成岩所用主要以压实作用为主，压溶及胶结作用普遍较弱，且后期溶蚀作用较强，对优质储层的形成具有建设性的作用。三叠系 3 个油组都发育大量的溶蚀孔隙，由有机酸溶蚀颗粒间的碳酸盐岩胶结物和长石颗粒形成。三叠系埋深一般在 $4500\sim5000m$ 之间，但仍然具有极好的储集物性,即所谓的"深埋优质储层",这主要是由塔里木盆地地温梯度低、埋藏时间短、砂体厚度大并缺乏泥质夹层及后期溶蚀作用造成的。

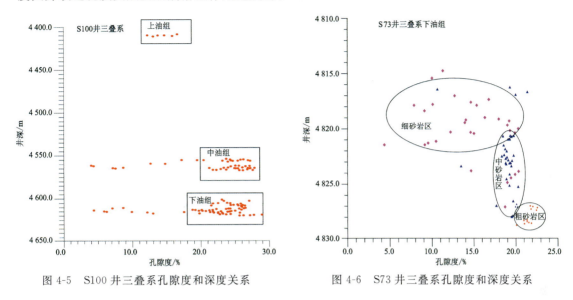

图 4-5 S100 井三叠系孔隙度和深度关系　　　图 4-6 S73 井三叠系孔隙度和深度关系

2. 新近系

准噶尔盆地新近系沙湾组自下而上发育沙湾组一段、沙湾组二段及沙湾组三段,沙湾组一段主要为扇三角洲前缘水下分流河道、辫状河三角洲前缘水下分流河道、分流间湾以及局部滩坝沉积。沙湾组一段 1 砂组砂体发育,储层物性好,为车排子凸起的主要储层。

沙湾组一段 1 砂组主要发育棕褐色中、粗砂岩,砾石含量不等,为岩屑质长石砂岩,成熟度较低。主要发育原生粒间孔,其次为粒间溶蚀孔,局部见有粒内溶孔及微裂缝;大孔粗喉型及大孔中喉型为研究区油气主要富集型孔隙结构,连通性整体较好。碳酸盐胶结是影响储层物性的主控因素(表 4-1),扇三角洲前缘水下分流河道砂体碳酸盐含量高,储层物性相对较差;辫状河三角洲前缘水下分流河道砂体碳酸盐含量低,储层物性明显较好。

表 4-1　沙湾组一段 1 砂组主要沉积相物性分析表(张瑞香等,2016)

主要沉积相	代表井	平均孔隙度/%	平均渗透率/$\times 10^{-3}\mu m^2$	平均含油饱和度/%	碳酸盐含量/%
扇三角洲前缘水下分流河道	车浅 1-1	8.05	684.85	17.37	34.95
	排 607	4.83	2.61	8.82	35.56
	排 609	9.94	1.12	3.57	30.64
辫状河三角洲前缘水下分流河道	排 604	30.85	—	—	7.30
	排 601-4	37.83	6219.05	59.97	11.08
	排 601-5	34.26	4 479.86	49.27	2.88

第三节　陆相致密砂岩储层

1. 二叠系

1) 鄂尔多斯盆地

(1) 山西组。庆阳气田属于典型的致密砂岩气田,二叠系山西组一段自下而上分为山一$_3$、山一$_2$和山一$_1$亚段,主力产层为山一$_3$亚段底部砂岩;古地貌与古流向共同控制三角洲砂体的分布,溶蚀相发育的水下分流河道砂体为最有利的储集体。山一$_3$亚段沉积砂体多呈条带状分布,最长可延伸数十千米,砂体宽度为10.0~20.0km,在三角洲平原河道交会处,叠合砂体宽度达40.0km,砂体厚度6.0~15.0m;三角洲前缘水下分流河道砂体呈枝状或鸟足状分布。庆阳地区南部主要发育三角洲平原沉积,中部以三角洲前缘沉积为主,北部为三角洲前缘远端及滨浅湖沉积(图4-7)。

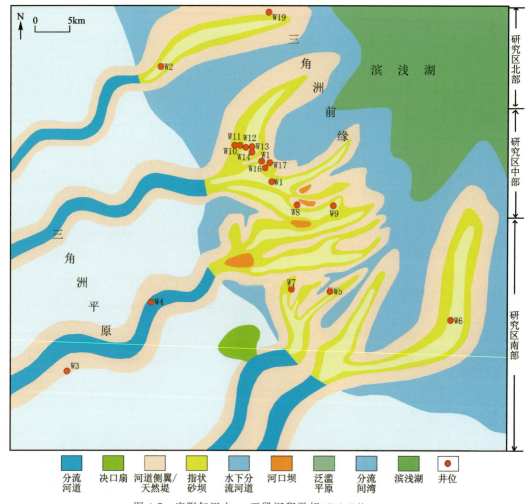

图4-7　庆阳气田山一$_3$亚段沉积微相(段志强等,2022)

渗透率方面,山一$_3$亚段平均渗透率为 $0.79\times10^{-3}\mu m^2$,山一$_1$亚段平均为 $0.61\times10^{-3}\mu m^2$,山二$_2$亚段平均为 $0.17\times10^{-3}\mu m^2$(图4-8)。山一$_3$亚段南部水下分流河道孔隙度最大,平均可达8.50%,北部和中部的水下分流河道砂岩及北部河口坝砂体平均孔隙度为5.00%~5.50%。总体上,研究区山西组一段储集层空间以长石和岩屑次生溶孔为主(段志强等,2022)。

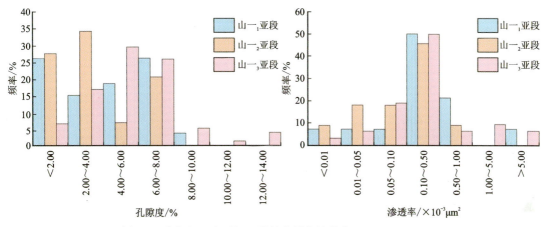

图4-8 庆阳气田山西组一段储集层物性分布(段志强等,2022)

(2)石盒子组。中二叠世石盒子组沉积期,以缓慢沉降为主,沉积物的供给与沉降处于均衡状态,湖区经常处于浅水环境。在苏里格地区形成了以"沉积地形平缓、强物源供给、多水系输砂、分流河道砂体发育"为特征的大型缓坡型三角洲沉积,石盒子组盒八段沉积了厚20~40m、宽10~30km、延伸距离达200km以上的大面积分布的砂岩。充足的陆源碎屑供给形成了石盒子组盒八富砂层段。洪水期,河流水体水动力较强,携带大量的砾、砂等物质,形成旋回底部滞留沉积和河道沉积。后期河流搬运作用使河道沉积多期叠加并不断向前推进,同时在三角洲前缘也发育大面积分布的中—粗粒砂岩,砂岩粒径为0.25~2mm,从而形成苏里格地区"网毯状"分布的中—粗粒砂岩储集体(杨华等,2012)。

根据单井成岩相判别结果,对苏里格地区盒八段成岩相进行了测井判识,制作了成岩相图(图4-9)。其中苏里格气田中部以粒间孔+火山物质强溶蚀相、晶间孔+火山物质强溶蚀相为主,是有利的成岩相带,以工业气流井为主,是增储上产的主要区块(张海涛等,2012)。

盒八段砂岩储层以岩屑质石英砂岩为主,其次为岩屑砂岩和石英砂岩,粒度以中粒—粗粒为主,分选磨圆较好,整体而言成分成熟度和结构成熟的均较高。孔隙度平均值为8.4%,渗透率平均值为 $0.68\times10^{-3}\mu m^2$,孔渗呈线性相关,显示了孔隙型储层特点(李驰,2017)。有效储集层成因与岩石组构、成岩作用有密切关系。石英砂岩化学稳定性高、硬度大、不易压实,有利于原生孔隙的保存和孔隙流体的流动,溶蚀作用发育,以粒间孔、长石溶孔等为主,形成有效储集层(图4-10a)(杨华等,2012)。而岩屑砂岩,压实作用强烈,不利于孔隙流体流动和溶蚀作用发生,以黏土微孔为主,形成差或非储集层(图4-10b)。

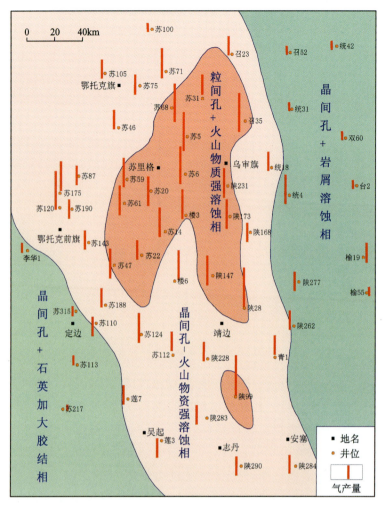

图 4-9 苏里格气田盒八段成岩相分布（张海涛等，2012）

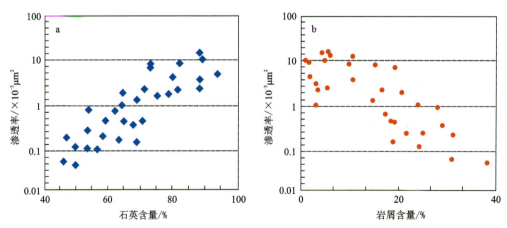

图 4-10 石盒子组八段岩石颗粒含量与渗透率的关系（杨华等，2012）

2)准噶尔盆地

(1)夏子街组。准噶尔盆地西北缘二叠系夏子街组岩性以褐灰色—灰色砂砾岩为主(马永平等,2019),其次为含砾泥质细砂岩、含砾泥岩等。砂砾岩中砾石以凝灰岩为主,体积分数在60%左右。砂砾岩分选性普遍较差,砾石以棱角—次棱角为主,胶结类型为接触式和孔隙式,胶结致密,支撑类型为颗粒支撑,砂岩成分成熟指数远小于1,成分成熟度和结构成熟度都较低,为典型近源粗粒沉积特征。

夏子街组受坡折控制分别发育扇三角洲平原、扇三角洲前缘及滨浅湖亚相,前缘亚相可细分为内前缘和外前缘(图4-11)。依据岩心分析,扇三角洲前缘亚相物性明显好于扇三角洲平原亚相(图4-12)。扇三角洲平原亚相孔隙度主要为4%~9%,平均为6.2%,渗透率为$(0.02\sim0.70)\times10^{-3}\mu m^2$,平均为$0.1\times10^{-3}\mu m^2$;扇三角洲内前缘亚相孔隙度为5%~13%,平均为8.4%,渗透率为$(0.1\sim5.0)\times10^{-3}\mu m^2$,平均为$0.9\times10^{-3}\mu m^2$;扇三角洲外前缘亚相孔隙度为7%~13%,平均为9.7%,渗透率为$(0.5\sim10.0)\times10^{-3}\mu m^2$,平均为$3.6\times10^{-3}\mu m^2$,属低孔低渗储层。

相类型	扇三角洲平原亚相	扇三角洲内前缘亚相	扇三角洲外前缘亚相	滨浅湖相
相模式	一级坡折	二级坡折	三级坡折	
成因	重力流+牵引流	牵引流为主		悬浮
构造	基质支撑、块状	叠瓦状、槽状、波状		水平
粒度	砾岩	砂砾岩	砂砾岩、含砾砂岩	粉—细砂岩、泥岩
颜色	褐色—杂色	褐灰色—灰色	深灰色—灰色—灰绿色	灰色—灰绿色

图4-11 二叠系夏子街组坡折控相特征分析(马永平等,2019)

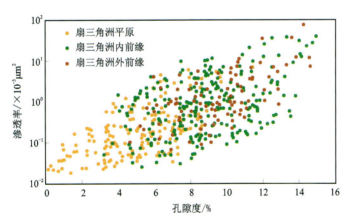

图4-12 二叠系夏子街组储层渗透率与孔隙度交会图(马永平等,2019)

夏子街组孔隙的演化先后经历了快速压实、早期胶结、有机酸溶蚀和晚期碳酸盐胶结4个成岩阶段(图4-13)。在快速压实阶段,强烈的机械压实导致原始孔隙急剧减少;成岩早期形成的黏土、杂基及沸石类胶结物对储集空间造成破坏,有机酸溶蚀是对储层物性起关键改善的成岩作用,孔隙度由早期胶结后的8.6%增至12.1%,同时溶蚀作用与烃源岩的主要排烃期相吻合,有利于油气的有效充注;成岩晚期随埋深加大,压溶作用增强,储层物性再次变差,演变为现今的致密砂砾岩储层,孔隙度约8.7%。

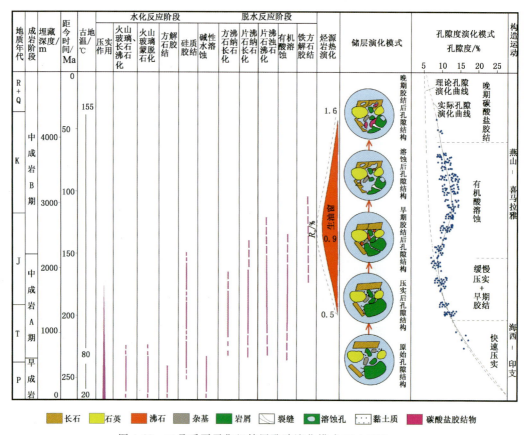

图 4-13　二叠系夏子街组储层孔隙演化模式(马永平等,2019)

(2)上乌尔禾组。上乌尔禾组沉积期,准噶尔盆地发育断坳转换期湖盆背景下的超覆沉积,以大型退覆式的扇三角洲沉积为主。上乌尔禾组为一套厚度为200～400m的灰色、棕褐色砂砾岩建造,在中央坳陷中部形成统一的沉积中心,退积砂体纵向叠置、横向大面积叠合连片。

上乌尔禾组的储层以近源沉积的砂砾岩为主,其次为砂岩。储集岩性主要为岩屑砂岩,岩屑含量为65%～95%,平均含量大于80%,石英+长石含量多小于20%。岩屑成分成熟度低,以凝灰岩为主,其次为中基性—中酸性喷出岩。上乌尔禾组储层的储集空间以残余原生粒间孔为主,其次为长石等不稳定矿物的溶蚀孔和少量裂缝。砂砾岩储层孔隙度为3.2%～14.5%,平均为7.26%,渗透率为(0.02～959.00)×$10^{-3}\mu m^2$,平均为$2.92×10^{-3}\mu m^2$(图 4-14),属于低孔低渗储层。

高孔隙压力是上乌尔禾组高产优质储层形成的关键因素。高孔隙压力条件下的储层物性实验揭示,阜康凹陷康探1井上乌尔禾组储层岩心测试渗透率与实验孔隙压力之间具正相关关系(图 4-15),即随着孔隙压力的增加,储层渗透率增大,反映储层孔隙压力增加导致孔隙结构变好的现象。

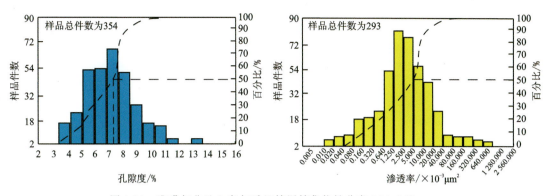

图 4-14　准噶尔盆地上乌尔禾组储层储集物性分布(匡立春等,2022)

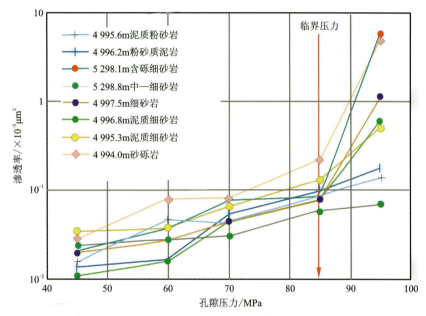

图 4-15　康探 1 井上乌尔禾组储层渗透率与孔隙压力相关性(匡立春等,2022)

差异性沉积-成岩演化对上乌尔禾组砂砾岩储层致密化的影响也具有差异性(曹江骏等,2022)。相比较凸起带,凹陷带储层初始孔隙度较低、压实与溶蚀作用较强、成岩阶段较晚,储层较为致密(图 4-16)。凹陷带离物源较近,以连续沉降为主,现今埋藏较深,储层致密化程度较高,孔隙度从最初的 36.6% 减少到现今的 7.5%。凸起带离物源较远,具有多期抬升的特点,现今埋藏较浅,致密化程度较低,孔隙度从最初的 40.3% 减少到现今的 10.7%。

在东道海子凹陷东斜坡,上乌尔禾组砂砾岩储层发育主要受沉积相、成岩作用和裂缝发育程度控制(胡鑫等,2021)。构造作用控制裂缝的发育程度,裂缝是上乌尔禾组的重要储集空间,不但对油气运聚产生重要影响,还为酸性流体注入提供通道;沉积相控砂体的宏观展布,并影响水体的 pH;扇三角洲前缘接受大气淡水注入,水体碱性更强,浊沸石更发育;后期有机质演化生烃过程产生的有机酸对浊沸石进行溶蚀,浊沸石胶结物溶孔更发育(图 4-17)。

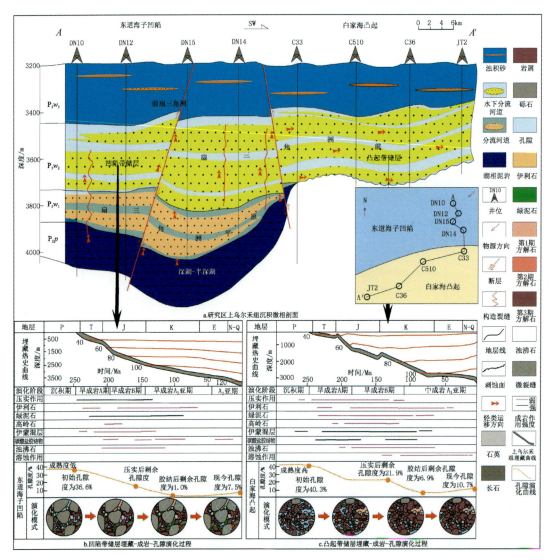

图 4-16 东道海子凹陷与白家海凸起上乌尔禾组储层差异性致密化过程模式(曹江骏等,2022)

2. 三叠系

1)四川盆地

四川盆地三叠系须家河组碎屑岩是重要的天然气勘探领域,对该层系的天然气勘探始于 20 世纪 50 年代,且已取得了重要的勘探成果。根据第四次资源评价结果,四川盆地上三叠统须家河组天然气剩余资源量约为 $1.87 \times 10^{12} m^3$,仍具有较大的勘探潜力(苏亦晴等,2022)。主要储集层段须(须家河组)二段、须四段、须六段的岩性特征在区域上存在较大的变化(朱如凯等,2009)。须家河组储集层平均孔隙度为 4.77%,最小为 0.10%,最大为 18.27%;储集层平均渗透率为 $0.19 \times 10^{-3} \mu m^2$,最小低于 $0.001 \times 10^{-3} \mu m^2$,最大可达 $50 \times 10^{-3} \mu m^2$ 以上(图 4-18)。总体上储集层物性较差,属低孔低渗和特低孔特低渗储集层。

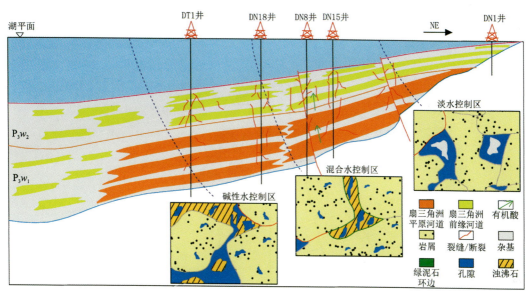

图 4-17　东道海子凹陷东斜坡上乌尔禾组储层发育模式(胡鑫等，2021)

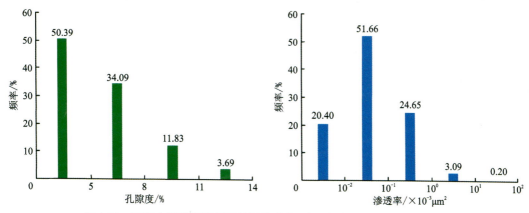

图 4-18　四川中西部须家河组储层孔隙度、渗透率直方图(朱如凯等，2009)

(1)须一段上亚段。须一段上亚段发育孔隙型储层，厚度为10～50m，孔隙度为6%～8%，主要分布在川西北部地区，川西地区储源配置较好(唐大海等，2020)。

(2)须二段。须二段储集砂体在川中和川西地区广泛分布，其中以川西地区最厚，中坝地区厚度超过200m，川中地区厚度大于50m(唐大海等，2020)。须二段孔隙度大于6.0%的储层主要发育在川中和川西北部地区，厚度为10～60m。

在元坝西部，须二段以中粒岩屑砂岩和中粒长石岩屑砂岩为主，少量粗粒岩屑砂岩、中粒岩屑石英砂岩、细粒长石岩屑砂岩、细粒岩屑砂岩(图4-19)。岩心孔隙度为0.79%～10.53%，平均值为4.59%；渗透率为$(0.0021～26.0086)×10^{-3}\mu m^2$，平均值为$0.10×10^{-3}\mu m^2$，为低孔低渗储层。须二段孔隙类型多样，中粒岩屑砂岩发育浅变质岩岩屑和火山岩岩屑中的铝硅酸盐矿物溶蚀形成的岩屑粒内溶孔及少量粒间溶孔(黄彦庆等，2022)。

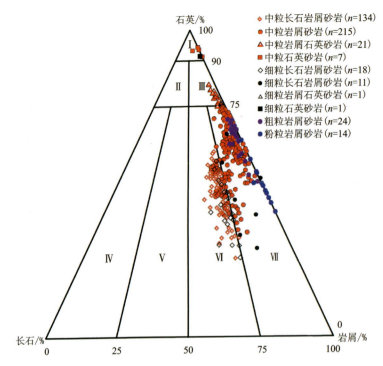

图 4-19　川东北元坝西部须二段砂岩岩性分类三角图（黄彦庆等，2022）

Ⅰ.石英砂岩；Ⅱ.长石石英砂岩；Ⅲ.岩屑石英砂岩；Ⅳ.长石砂岩；Ⅴ.岩屑长石砂岩；Ⅵ.长石岩屑砂岩；Ⅶ.岩屑砂岩

中成岩作用 A 期是溶蚀孔隙形成的主要阶段，长石和易溶岩屑含量越多，溶蚀增孔程度越高，中、粗粒岩屑砂岩中发育岩屑粒内溶孔（图 4-20），而长石岩屑砂岩中除了岩屑溶孔，长石粒内溶孔和晶间孔同时形成，不同类型砂岩的孔隙度差异较大。更深的埋藏阶段，压实作用已不重要，碳酸盐胶结作用使孔隙度进一步降低。大巴山推覆作用产生的挤压应力对元坝西部须家河组影响小，由于石英砂岩脆性大而发育微裂缝，虽然此类裂缝宽度仅 20~30μm，但能有效地改善储层渗透能力，这是中粒石英砂岩优质储层形成的关键（黄彦庆等，2022）。

（3）须四段。须四段储层主要分布在川中地区的营山以南至蜀南地区，厚度一般为 10~40m，川西和川东地区较薄一般小于 10m，平均孔隙度为 6.5%~10.0%，川中斜坡带源储配置较好（唐大海等，2020）。

（4）须六段。须六段储层主要分布在蜀南和川中局部地区，川西南和川东地区厚度一般在 10m 以下，蜀南地区须六段孔隙度总体较高，一般在 8.0%以上，川中隆起带源储配置较好（唐大海等，2020）。

2）鄂尔多斯盆地

（1）长（延长组）六段。长六段三角洲前缘分流河道和河口坝砂体广泛分布，砂岩厚度大，横向连片性好。成岩期形成的大量浊沸石溶孔改善了储集性能，利于大型岩性油藏形成（罗安湘等，2022）。正宁地区长六段砂体类型为重力流沉积的砂质碎屑流、浊流和滑塌沉积砂体，主要以浊流沉积砂体为主。正宁地区长六段油层组储层物性整体较差，平均孔隙度与渗透率分别为 7.41% 和 $0.075×10^{-3}μm^2$，孔喉细小，属于典型的致密储层（姚宜同，2016）。

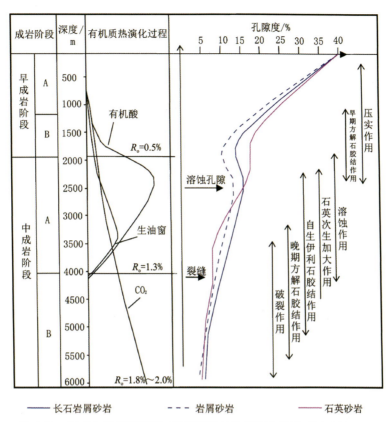

图 4-20　川东北元坝西部须二段不同岩性孔隙演化曲线(黄彦庆等,2022)

铁边城地区长六段砂岩分选好,以细粒长石砂岩为主。砂岩初始孔隙度在 30% 以上,压实损失的孔隙度为 19.57%~26.57%,占孔隙损失总量的 65.1%~88.4%;胶结作用损失的孔隙占孔隙损失总量的 11.6%~24.9%。这说明压实作用仍然是该区原始孔隙损失的最主要因素,胶结作用处于次要地位(图 4-21)。早期压实与后期胶结共损失了 90% 以上的原生孔隙,剩余粒间孔隙度为 1.0%~3.0%;后期的次生溶蚀作用很普遍,但仅形成了约 1.0% 的次生孔隙(王琪等,2005)。

(2)长七段。长七段沉积期为盆地最大湖侵期,深湖相大面积分布,沉积了一套暗色泥岩和油页岩,是盆地主要的生油,该期砂体多为三角洲前缘及半深湖—深湖重力流沉积,纵向上与湖相泥岩互层共生。长七段致密砂岩结构特征整体表现为粒度细、分选较好、磨圆差。砂岩粒径主要为 0.04~0.30mm,平均为 0.16mm,主要为细砂岩,其次为粉细砂岩、细中砂岩和少量不等粒砂岩。砂岩分选整体较好,以中等分选为主。长七段致密砂岩以岩屑质长石砂岩(44.3%)和长石质岩屑砂岩(41.9%)为主,其次为长石砂岩(8.2%)和岩屑砂岩(5.6%)(图 4-22)。

长七段致密砂岩孔隙演化过程中主要存在 2 个孔隙度增加阶段:早成岩 B 期的碱性环境孔隙形成阶段和中成岩 A1 期的有机酸溶蚀孔隙形成阶段(图 4-23);早成岩 B 阶段大量微孔隙的形成严重损害了储集层的渗透能力,导致中成岩 A1 期有机酸流体对碎屑的溶蚀强度较低,也导致中成岩 A1—A2 期烃类大量充注时,长七段砂岩已经致密化(祝海华等,2015)。

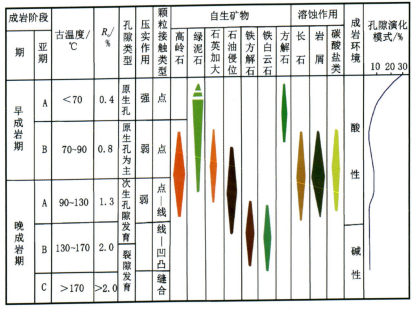

图 4-21 铁边城地区长六段砂岩主要成岩作用类型与孔隙演化模式(王琪等,2005)

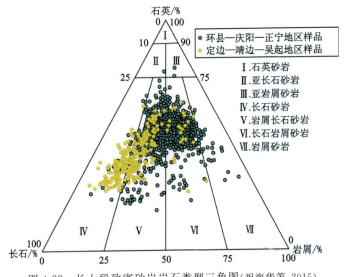

图 4-22 长七段致密砂岩岩石类型三角图(祝海华等,2015)

(3)长八段。长八段油层组沉积时期,盆地处于基底整体下降的内陆拗陷时期(韩永林等,2009),河流作用强,物源供给充足,形成了长八段油层组纵向上相互叠置、平面上连片分布的大套砂体,这为大规模储集体系发育创造了条件。

据岩心分析资料统计,西峰油田长八段储层孔隙度为 $3.1\%\sim17.3\%$,平均为 12.7%;渗透率为 $(0.060\sim3.384)\times10^{-3}\mu m^2$,平均为 $0.343\times10^{-3}\mu m^2$。属低孔、超低渗储层。长八段储层岩性致密,颗粒分选中—好。70%以上粒级分布为中—细砂岩。平均面孔率为 3.71%,以线性接触方式为主,胶结类型为孔隙—薄膜型,磨圆度为次棱角状。储层孔隙类型以粒间孔、

成岩阶段	早成岩		中成岩	
	A	B	A1	A2
温度/℃	65	85	110	140
R_o/%	0.35	0.50	0.90	1.30
机械压实				
云母水化				
凝灰质蚀变				
伊蒙混层				
伊利石胶结				
绿泥石胶结				
方解石胶结				
石英溶蚀交代				
石英胶结				
长石溶解				
方解石溶解				
高岭石胶结				
钠长石化				
铁方解石沉淀				
铁白云石沉淀				
成岩环境		碱性	酸性	酸性减弱 偏碱性
孔隙度/%	30 20 10		油气大量充注	
孔隙类型		石英溶孔+粒间孔,黏土微孔隙	长石溶孔,少量岩屑溶孔	钠长石化胶结残余孔

图4-23 长七段致密砂岩孔隙演化过程(祝海华等,2015)

长石溶孔、岩屑溶孔等为主,其次为微裂隙,晶间孔少见。

鄂尔多斯南部镇泾、彬长等地区,在多期构造运动叠加下形成了复杂的断裂体系,断裂多为高陡产出,断距小、隐蔽性强且多具走滑性质(图4-24)。众多断裂及其伴生裂缝为中生界致密低渗储层提供了重要的渗流通道和优质储集空间,形成了大量的断缝体油气藏(何发岐等,2022)。

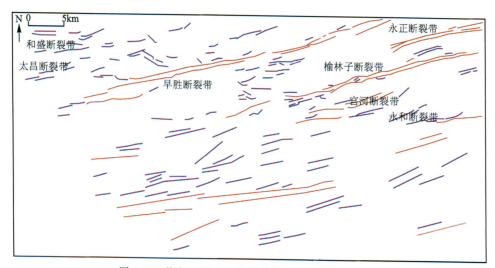

图4-24 彬长地区中生界断裂分布图(何发岐等,2022)

3)准噶尔盆地

玛湖凹陷夏子街地区三叠系百口泉组现已发展为重要的勘探层位(操应长等,2019)。储层岩性以砾岩为主,占73.33%,其次为砂岩,占26.67%。砂岩类型以岩屑砂岩和长石岩屑砂岩为主,颗粒组分以岩屑为主,平均含量为63.31%,石英平均含量为20.4%,长石含量平均为16.29%。胶结物主要为碳酸盐,含量范围变化大。岩石成分成熟度较低,分选中等—较差,多以压嵌胶结、孔隙—压嵌胶结为主,磨圆以次棱角状—次圆状、次圆状为主。

百口泉组砂砾岩孔隙度主要分布在2.5%~21.2%之间,平均7.94%,渗透率主要分布在$(0.01 \sim 982) \times 10^{-3} \mu m^2$之间,平均$5.6 \times 10^{-3} \mu m^2$,总体呈现低孔、低渗型储层特征(图4-25)。砾岩中有效孔隙度主要分布在5%~15%之间,平均7.78%,多数为特低孔,部分为低孔类型,而渗透率主要分布在$(0.01 \sim 100) \times 10^{-3} \mu m^2$之间,平均$7.38 \times 10^{-3} \mu m^2$,总体为低孔低渗型储层;砂岩中有效孔隙度多分布在5%~15%之间,平均8.16%,以特低孔为主,部分发育低孔类型,渗透率多集中在$(0.01 \sim 10) \times 10^{-3} \mu m^2$之间,平均$1.58 \times 10^{-3} \mu m^2$,总体为低孔特低渗型储层。

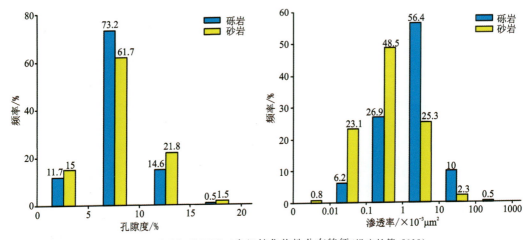

图4-25 夏子街地区百口泉组储集物性分布特征(操应长等,2019)

岩相和成岩相共同控制储层物性。扇三角洲平原泥石流沉积储层以杂基支撑中砾岩、杂基支撑细砾岩、中砂岩相和细砂岩相为主,压实作用强,杂基含量高,胶结作用与溶蚀作用弱,储集性能差。扇三角洲前缘分流河道储层以颗粒支撑中砾岩、颗粒支撑细砾岩、含砾砂岩和粉砂岩相为主,成岩作用复杂。相序底部压实较强,中部可见沸石与碳酸盐胶结,保留少量的原生粒间孔隙,并且不稳定岩屑颗粒和沸石胶结物通常发生溶解,形成的次生孔隙改善了储层物性。

3. 侏罗系储层

1)塔里木盆地

塔里木盆地侏罗系碎屑岩储层为陆相成因的河流、冲积扇、滨湖及扇三角洲相沉积,主要分布在库车坳陷,厚191~1473m,储层孔隙度为10%~28%,在沙雅隆起、顺托果勒隆起的储层厚度为50~200m。此外,在塔西南的喀什凹陷侏罗系也有890~1556m的巨厚砂岩沉积。

库车坳陷阿合组、阳霞组的岩性分析表明,砂岩碎屑组分以石英为主,其次是长石及各种岩屑,有时含少量云母及绿泥石等碎屑矿物(申延平等,2005)。迪北地区阿合组—阳霞组储集层总体致密,非均质性强。阿合组储集层孔隙度一般为 4%~10%,平均 5.9%,渗透率中值为 $0.780\times10^{-3}\mu m^2$;阳霞组储集层孔隙度一般为 4%~10%,平均为 6.12%,渗透率中值为 $0.316\times10^{-3}\mu m^2$(琚岩等,2014)。

迪北地区侏罗系致密砂岩储层中裂缝普遍发育,裂缝对致密砂岩气藏具有重要控制作用(图 4-26)。露头、岩心和薄片等资料表明,裂缝主要为构造裂缝,其次为成岩裂缝,构造裂缝较为发育,非均质性强,大部分未被充填,有效性较好。构造裂缝分为 3 期,分别在喜马拉雅早期、中期和晚期 3 期构造挤压作用下形成(姜振学等,2015)。

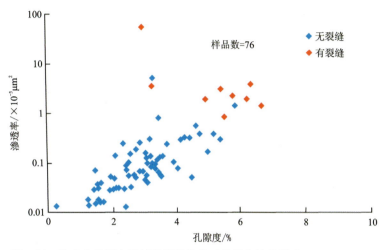

图 4-26 依南 2 井阿合组储层裂缝发育对储层物性的影响(姜振学等,2015)

2)四川盆地

四川盆地侏罗系主要发育自流井组大安寨段,凉高山组和沙溪庙组 3 套储层。

(1)大安寨段。川东北地区共发育 3 个介壳滩,其中开江介壳滩和绵阳—盐亭—阆中介壳滩物性相对较好(图 4-27),孔隙度在 1.07%~2.7%之间,主力储层主要由黑褐色、褐灰色厚层块状介壳灰岩组成,单层厚度一般为 5~8m,主要分布在大(大安寨)一亚段和大三亚段。在大一亚段和大三亚段构造裂缝发育部位,介壳灰岩常常沿裂缝被溶蚀,形成裂缝-孔隙型储集空间,大大地改善了介壳灰岩储层的储集性能;而大二亚段主要由黑色页岩组成,夹薄层状介壳灰岩、含泥介壳灰岩,在半深湖区由于生烃增压作用,使得这些薄层状介壳灰岩常发育微裂缝,并与微裂缝发育的黑色泥岩一起形成较好的储集空间,例如川 44 井裂缝性泥岩中可产油 1.04t/d。依照川中地区介壳灰岩储层的评价标准,开江介壳滩和绵阳—盐亭—阆中介壳滩,总体评价为 Ⅱ 类储层(李军等,2010)。

巴中—平昌—税家槽介壳滩物性相对较差,一般孔隙度小于 1.0%。该介壳滩的主要储层为厚层块状泥质介壳灰岩,单层厚度一般大于 5m,由于介壳灰岩中泥质含量较高,压实作用较强,即使在裂缝发育部位,瓣鳃碎片也只能部分被溶蚀,因此溶蚀作用相对较弱,介壳灰岩的储集性能稍差,总体评价为 Ⅲ 类储层。

(2)凉高山组。凉高山组砂岩储层主要发育在 3 个三角洲发育带内,其中万源—达州三角洲砂岩储层的平均孔隙度为 2.11%,平溪—巴中三角洲砂岩储层的平均孔隙度为 3.0%,

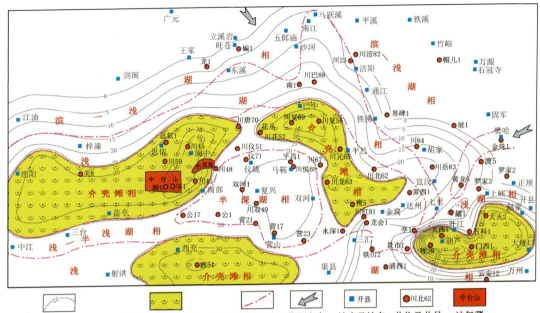

图 4-27 川东北侏罗系自流井组大安寨段介壳滩分布与油气藏勘探成果(李军等,2010)

旺仓三角洲储层的平均孔隙度为 5.0%。凉高山组砂岩储层的渗透率均小于 $0.1×10^3 \mu m^2$。尽管万源—达州三角洲储层物性相对较低,但是由于万源—达州三角洲砂体厚度大,分布面积广,而且紧邻凉高山组烃源岩,极易捕获油气,因此在断裂、裂缝发育部位储集性能变好,也可能发育Ⅱ类储层(李军等,2010)。

(3)沙溪庙组。侏罗系沙溪庙组在川西发现了新场、马井、中江、白马等多个气田,川中发现了公山庙气田,川南发现了大塔场气田,川东也有河道砂体储层发现,已经成为重要的天然气勘探开采层系(段文燊,2021)。中江气田沙溪庙组埋深介于 1300~3200m 之间,地层平均厚度在 800m 左右。自下而上划分为 2 个长期旋回、3 个中期旋回、12 个短期旋回、18 个超短期旋回,分别对应 2 段,3 亚段,12 套砂层组,18 套小层砂体。沙溪庙组以浅水三角洲平原—前缘沉积体系为主,发育多期分流河道,总体上河道宽度较窄,一般介于 0.3~0.8km 之间;厚度较薄,一般介于 5~30m 之间(曾焱等,2017)。区内砂体整体从北东向南西延伸,以河道砂沉积为主,多期河道纵横向交错叠置(图 4-28)。平面上河道主要呈细条带状,纵向上垂直河道呈透镜状展布。

中江气田沙溪庙组砂岩孔隙度介于 0.9%~15.33%之间,平均为 8.66%;渗透率介于 $(0.0008~1910)×10^{-3}\mu m^2$ 之间,平均为 $2.15×10^{-3}\mu m^2$(表 4-2)。从储层物性的统计分析表明砂岩储层储集性能非均质性强,其中沙(沙溪庙组)一段平均孔隙度 9.88%,平均渗透率 $1.76×10^{-3}\mu m^2$;沙二段平均孔隙度 7.65%,平均渗透率 $0.44×10^{-3}\mu m^2$;沙三段平均孔隙度 9%,平均渗透率 $4.86×10^{-3}\mu m^2$,平均基质渗透率 $0.33×10^{-3}\mu m^2$。

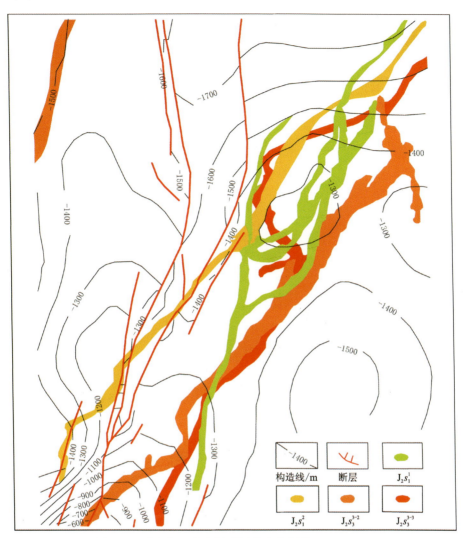

图 4-28 中江气田主力层系河道砂叠合图(曾焱等,2017)

表 4-2 中江沙溪庙组气藏砂岩物性统计表(曾焱等,2017)

层段	井数	样品数	孔隙度/%			储层渗透率/$\times 10^{-3} \mu m^2$				基质渗透率/$\times 10^{-3} \mu m^2$			
			最小值	最大值	平均值	样品数	最小值	最大值	平均值	样品数	最小值	最大值	平均值
J_2s_1	11	718	1.22	14.57	9.88	694	0.008 0	734.26	1.76	675	0.008 0	1.479	0.17
J_2s_2	18	1138	0.90	15.33	7.65	1061	0.000 8	38.344	0.44	975	0.000 8	1.453	0.16
J_2s_3	17	793	1.93	15.03	9.00	775	0.009 0	1910	4.86	695	0.009 0	1.750	0.33
合计	36	2649	0.90	15.33	8.66	2530	0.000 8	1910	2.15	2345	0.000 8	1.750	0.21

3)鄂尔多斯盆地

延安组为鄂尔多斯盆地主要的产油层之一,分为 10 个油层组,以陆源碎屑沉积岩为主,夹有煤、碳质泥岩、泥灰岩、菱铁矿等内源沉积岩。

定边地区延十油层组为河流相沉积,储层非均质性较强。据薄片鉴定结果统计,砂岩储层石英平均含量为60.99%,长石平均含量为27.71%,岩屑平均含量为11.30%,岩性主要以岩屑长石砂岩为主,含长石石英砂岩和长石砂岩次之(图4-29)。储层岩石结构类型以中—细粒砂状结构为主,细粒砂状结构次之。分选性以中等为主,分选好次之。磨圆度以次圆—半棱角状为主,次圆状次之。孔隙度主要介于9%~21%之间,平均为15%;砂层渗透率相对较小,一般介于$(0.01 \sim 500) \times 10^{-3} \mu m^2$之间,平均$85.3 \times 10^{-3} \mu m^2$(崔宏伟等,2011)。

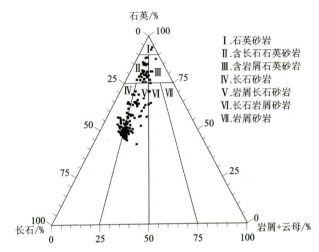

图4-29 定边地区延十油层组砂岩分类三角图(崔宏伟等,2011)

4. 白垩系储层

1)塔里木盆地

(1)巴什基奇克组。塔里木盆地巴什基奇克组储层以岩屑砂岩为主夹少量长石岩屑砂岩,砂岩粒度以细—中粒为主。储集空间主要为粒间孔(残余原生粒间孔、粒间溶孔)及长石(或岩屑)粒内溶孔及微孔隙,可见微裂缝,其主要的孔隙组合为溶蚀孔-残余原生粒间孔,占储集空间总量的50%~90%。在大北1气田,巴什基奇克组储层孔隙度平均为6.78%,主要在5%~10%之间(图4-30);渗透率平均为$1.47 \times 10^{-3} \mu m^2$,主要在$(0.1 \sim 10) \times 10^{-3} \mu m^2$之间,非均质性强,总体属于低孔低渗—特低孔特低渗储层(张荣虎等,2008)。

巴什基奇克组低孔低渗储层的成因包括:构造活跃期扇三角洲前缘环境下的差分选中—粗砂岩、近源快速堆积下的高岩屑含量、干旱咸湖下的高碳酸盐胶结、早成岩期相对深埋与后期持续快速深埋压实作用。高产能储层的发育是构造平缓期,辫状河三角洲前缘环境下的好分选中—细砂岩、早期表生溶蚀及弱碳酸盐胶结作用、晚期构造破裂的复合作用共同叠加结果。

(2)卡普沙良群。塔里木盆地卡普沙良群(巴西盖组、舒善河组和亚格列木组)沉积时期,沙雅隆起发育扇三角洲、辫状河三角洲及湖泊沉积,岩性主要为褐色、棕色含砾砂岩、中砂岩、细砂岩及粉砂岩等。岩石组成主要为次岩屑长石砂岩、岩屑砂岩、长石砂岩、长石岩屑砂岩及岩屑砂岩等。孔隙类型以粒间孔、粒间溶孔为主,少量粒内溶孔。喉道类型主要为粗喉道、细

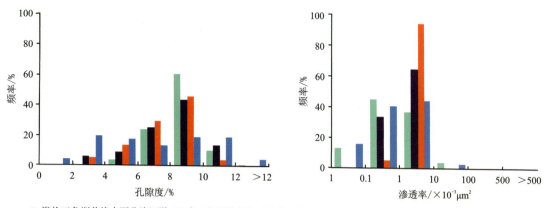

图 4-30　库车坳陷大北 1 气田巴什基奇克组不同砂体测井物性(张荣虎等,2008)

喉道及片状喉道,其中细喉道最为发育,此外还见少量的管束状喉道。卡普沙良群砂岩在沙雅隆起分布较稳定,储层厚度在 100~500m 之间。

2)准噶尔盆地

清水河组是准噶尔盆地四棵树凹陷下组合勘探重要层系之一,为扇三角洲—湖相沉积,中上部为 100~400m 厚度的灰色泥岩夹薄层粉砂岩,下部为 20~40m 厚度的砂砾岩、砂岩。高探 1 井钻探揭示,清水河组地层压力因数普遍超过 2.2,地层温度约为 150℃,为典型的高温极强超压地层(汪孝敬等,2022)。

清水河组储集层岩石类型以砾岩、砂砾岩和砂岩为特征,其中砂岩以长石质岩屑砂岩为主(高崇龙等,2023)。有效孔隙度为 0.7%~13.6%,平均为 4.8%(图 4-31a);细砾岩平均有效孔隙度为 6.2%,水平渗透率为 $9.61 \times 10^{-3} \mu m^2$(图 4-31b)。清水河组孔渗相关关系较差,表明深层—超深层储层非均质性较强。

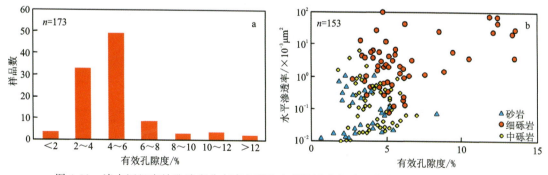

图 4-31　清水河组有效孔隙度分布直方图和有效孔隙度与渗透率散点图(汪孝敬等,2022)

从盆地南缘冲断带清水河组物性垂向变化看(图 4-32a、b),自中浅层到深层,孔隙度呈明显降低趋势,但渗透率整体未存在明显差异,说明裂缝对深层储集层改造的有效性。而深层清水河组的地层压力系数均大于 2,强超压可有效促进储集层内部裂缝的发育。研究表明当地层压力超过静岩压力的 60% 时,地层中裂缝就不会闭合,深层清水河组各井地层压力均超过静岩压力的 60%(图 4-32c、d),因此裂缝在深层下仍处于开启状态,可有效储集和渗流油气。

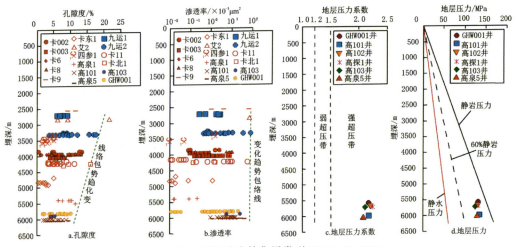

图 4-32　清水河组砂岩储集层类型(高崇龙等,2023)

5. 古近系储层

塔里木盆地苏维依组砂岩储层为扇三角洲砂体和曲流河-三角洲砂体,主要分布于沙雅隆起、库车坳陷、塔西南地区,厚度为50～200m。储层孔隙类型以粒间孔为主,粒间溶孔其次,物性分析的孔隙度为10.5%～37%。阿克库勒凸起地区的物性相对较差。在库东—轮台地区,苏维依组Ⅱ砂组砂岩储层孔隙度为7.1%～16.4%,平均为11.5%,67%的样品大于孔隙度10%,27%的样品大于孔隙度15%;渗透率为$(0.188～17)×10^{-3}\mu m^2$,平均为$4.8×10^{-3}\mu m^2$,分布相对集中,仅有23%的样品大于$10×10^{-3}\mu m^2$。总体来看,储层物性相对较差,大部分样品为低—特低孔—低渗型储层,少部分样品为中孔—中渗型储层(图4-33)。

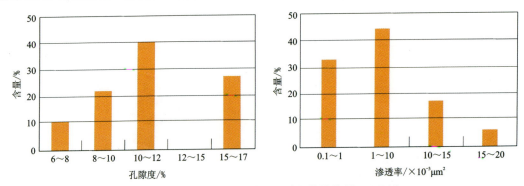

图 4-33　库东—轮台地区苏维依组Ⅱ砂组孔渗特征(石媛媛等,2014)

第四节　火山岩储层

1. 二叠系

1)塔里木盆地

塔河地区二叠系由下至上发育玄武岩、凝灰岩及巨厚流纹岩等,含气孔、溶孔、裂缝等的火山岩储层较发育。跃南地区跃南1井钻遇厚达591.5m的二叠系火山岩,中上部取心柱面可见微裂隙及淋滤溶蚀孔,电测解释段孔隙度达11.1%~20.3%。

塔北地区二叠系火山岩储层的储集空间可分为原生和次生2种:原生孔隙包括气孔、气孔杏仁构造等,原生的裂缝包括柱状节理、冷凝收缩缝和隐爆裂缝等;次生孔隙包括斑晶内溶孔、铸模孔、基质内溶孔和溶蚀缝。优质储层主要由次生孔隙和裂缝构成,孔隙度可高达15.05%,渗透率最高可达$22\times10^{-3}\ \mu m^2$。剖面上火山岩储层物性由下到上逐渐变好,上部次生改造作用强烈,次生孔隙及裂缝更加发育(桑洪等,2012)。由孔隙度和渗透率交会图(图4-34)可见,二者整体呈线性关系,个别样品分布在回归线之外,可能与储集空间类型中裂缝型孔隙比例较大有关。

潘文庆等(2013)对跃南地区二叠系火山岩储层成因机理开展研究,认为风化作用是次生孔隙和裂缝的主要成因,风化作用强度由深到浅逐渐增大,储层物理性能与之呈正相关关系,风化作用在跃南1井中影响范围达220m左右。风化过程中,火山岩在冷却阶段产生的大量原生孔隙、冷凝收缩缝、隐爆裂缝,矿物本身具有的解理缝、双晶缝等薄弱面都是优先发生溶蚀、淋滤的部位。流纹岩中发现的长石斑晶及基质的风化序列,确定了风化产物以伊利石为主,含少量蒙脱石,并且保存了黏土矿物整个序列的生长过程。风化作用能在原生孔隙和裂缝的基础上改善火山岩的孔隙结构,使储集空间类型复杂多样,大大提高了储层物理性能,是跃南地区二叠系火山岩储层的主控因素。

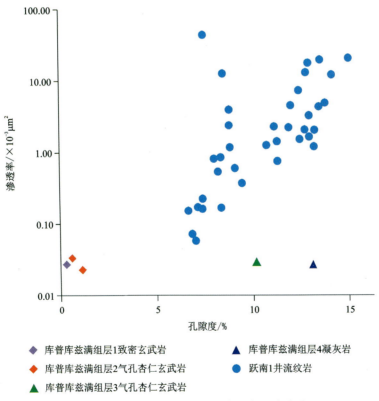

图4-34 塔北地区二叠系火山岩孔隙度和渗透率相关关系(桑洪等,2012)

2)准噶尔盆地

玛北地区风(风城组)一段沉积早期至中期为淡水环境,受陆源碎屑和火山活动影响,以碎屑岩和火山岩为主,发育的高孔流纹质熔结凝灰岩为一套近火山口爆发相热碎屑流亚相的堆积物。风一段中下部至中上部的气孔状流纹质熔结凝灰岩、砂岩、含砾砂岩、砾岩段为相对优质储层,气孔状流纹质熔结凝灰岩储集空间主要为气孔。流纹质熔结凝灰岩储层见少量微裂缝发育,岩石孔隙度普遍较高,主体介于6%~24%之间,平均孔隙度为18%,最高孔隙度达27.8%,渗透率普遍较低,主体低于$1 \times 10^{-3} \mu m^2$,为高孔、低渗储层(王江涛等,2022)。风一段流纹质熔结凝灰岩气孔在垂向上具有明显的分带特征,表现为自下而上,气孔由少增多再减少。底段气孔少,收缩缝发育;中段气孔较发育,多呈圆形或椭圆形。

2. 三叠系

鄂尔多斯盆地晚三叠世火山活动剧烈,延长组发育较多的凝灰岩,尤其在长七段发育规模最大(图4-35)。长七段凝灰岩平面上整体呈北西向展布,由南西向北东凝灰岩厚度逐渐变薄。凝灰岩储集空间类型包括基质孔隙、有机质边缘孔隙以及裂缝。其中,基质孔隙包括粒间孔缝(含脱玻化孔)、粒内孔缝、晶间孔隙等。裂缝包含构造缝及成岩缝等。在鄂尔多斯盆地南部长七段三亚段,富凝灰质岩石孔隙度在2.33%~12.62%之间,平均为7.20%,渗透率在$(0.0005~0.2810) \times 10^{-3} \mu m^2$之间,平均为$0.0783 \times 10^{-3} \mu m^2$。岩相对凝灰岩储集空间类型、发育程度等有明显的控制作用,其中玻屑凝灰岩的孔渗条件最好,其次为晶屑质玻屑凝灰岩和凝灰质砂岩,而沉凝灰岩的孔渗条件最差。富凝灰质岩石的孔隙度与渗透率总体高于长七段三亚段页岩,可充当页岩油气的甜点(李庆等,2022)。

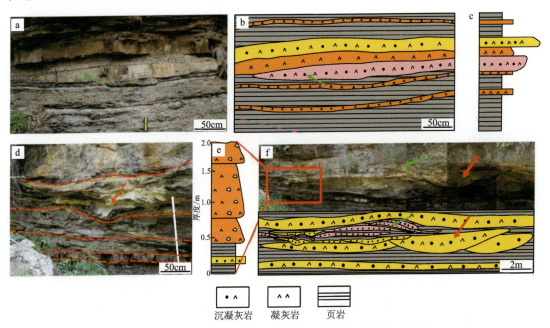

图4-35 鄂尔多斯盆地南部长七段三亚段底部富凝灰质岩层露头剖面特征(李庆等,2022)

第五章

盖层特征

<<<<<<

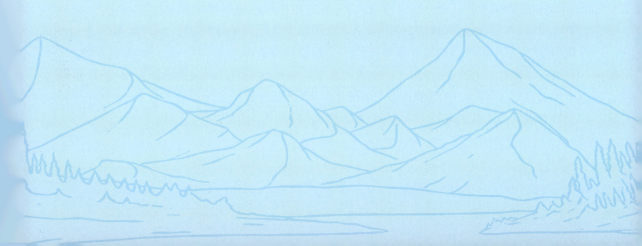

按照岩性特征,盖层一般可分为泥页岩类、蒸发岩类和致密灰岩类。中西部叠合盆地碎屑岩层系油气藏盖层以泥页岩类为主,包括塔里木盆地志留系泥岩,鄂尔多斯盆地和准噶尔盆地二叠系泥岩,各大盆地广泛分布的三叠系泥岩盖层,四川盆地鄂尔多斯盆地和准噶尔盆地侏罗系泥岩,准噶尔盆地白垩系泥岩,准噶尔盆地和塔里木盆地古近系泥岩层等。碳酸盐岩类盖层主要位于塔里木盆地石炭系、二叠系和鄂尔多斯盆地侏罗系。蒸发岩类盖层包括塔里木盆地石炭系和古近系膏盐岩。以上三类盖层直接影响了中西部叠合盆地碎屑岩油气的纵向差异聚集和保存。

第一节 泥质岩类盖层

1. 志留系泥岩盖层

塔里木盆地志留系整体表现为海退旋回,期间发生过几次短暂海侵、海退,海侵早期发育滨岸相、潮坪相水道、砂坪砂体,可作为有利油气储集相带;海侵晚期发育的浅海陆棚相泥岩、潮上带泥坪沉积,是优质盖层。厚刚福等(2012)开展了塔里木盆地志留系盖层封盖有效性分析,明确了有利盖层在平面上的分布。选取盖层泥岩厚度、泥地比(泥岩厚度与地层厚度比值)和泥岩突破压力3个参数,以泥岩厚度大于20m、泥地比大于40%、泥岩突破压力大于8MPa的泥岩分布区为良好封堵性能的盖层。

柯坪塔格组上2亚段主要发育一套泥质沉积,局部夹有粉砂岩、泥质粉砂岩,系海退期发育的潮间带高潮坪、潮上带泥坪沉积,具有良好的封堵性能,主要分布于草湖凹陷、阿瓦提凹陷及塔中地区(图5-1),主要发育浅海陆棚、潮上带泥坪沉积。泥岩厚度大,通常介于20~40m之间,在凹陷中心可能达到60m以上;泥地比高,塔中地区达50%以上;用声波时差数据拟合出的泥岩突破压力值通常在10MPa以上,最高可达15MPa。

塔塔埃尔塔格组下段潮上带红色泥岩的分布广泛,分布于草湖凹陷、阿瓦提凹陷、巴楚隆起及塔中地区(图5-2),主要发育浅海陆棚、潮上带泥坪沉积。泥岩厚度大,通常在40m以上,塔中地区通常在70m左右,而在其余凹陷中心泥岩厚度在90m以上,泥地比高达50%以上;用声波时差数据拟合出的泥岩突破压力值通常在8MPa以上,最高可达15MPa。

2. 二叠系泥岩

1)鄂尔多斯盆地

(1)山西组泥岩。在鄂尔多斯盆地东部,山西组泥岩累积厚度最小,平均厚度不足40m,其中部、东部地区厚度较大,为30~45m,而最小处泥岩累计厚度小于20m(图5-3)。山西组伊/蒙混层中蒙脱石相对含量为0~10%,镜质体反射率为0.7%~1.1%,黏土矿物主要为伊利石和高岭石,说明山西组处于中成岩B期。山西组实测泥岩突破压力7.86~11.43MPa,平均值为9.37MPa。从突破压力平面图上看,山西组突破压力主要范围为7~9MPa(图5-4),但南部地区局部最大超过10MPa,北部地区局部最小值不足6MPa。

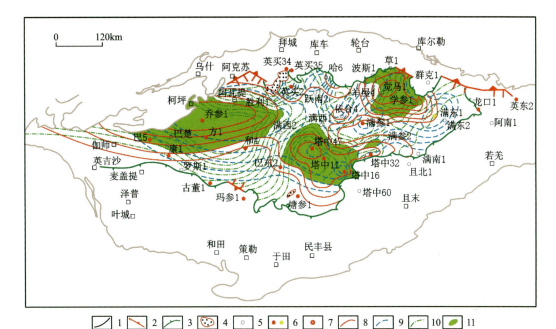

图 5-1　柯坪塔格组上 2 亚段盖层综合评价图(厚刚福等,2012)

1.盆地边界；2.断层；3.剥蚀边界；4.火山岩；5.探井；6.油/气井；7.油气显示；8.泥岩厚度等值线/m；9.泥地比等值线；
10.泥岩突破压力等值线/MPa；11.有利盖层分布区

图 5-2　塔塔埃尔塔格组下段盖层综合评价图(厚刚福等,2012)

1.盆地边界；2.断层；3.剥蚀边界；4.火山岩；5.探井；6.油/气井；7.油气显示；8.泥岩厚度等值线/m；9.泥地比等值线；
10.泥岩突破压力等值线/MPa；11.有利盖层分布区

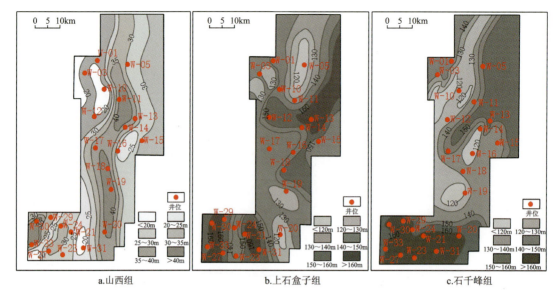

图 5-3 鄂尔多斯盆地东北部泥岩盖层厚度分布特征(马东烨等,2021)

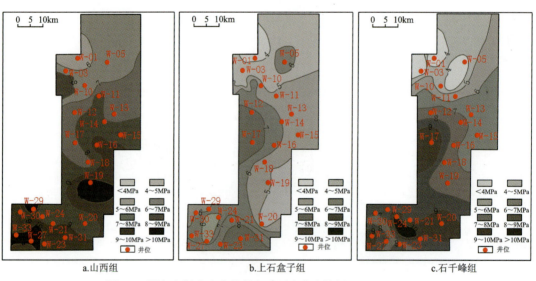

图 5-4 鄂尔多斯盆地东北部突破压力分布特征(马东烨等,2021)

(2)上石盒子组泥岩。在鄂尔多斯盆地东部,上石盒子泥岩累积厚度普遍大于120m,最大厚度可达160m,但南部局部地区泥岩累计厚度较薄,不足100m。上石盒子组伊/蒙混层含量和镜质体反射率研究数据较少,无法有效判断其成岩作用,但考虑到上石盒子组介于山西组和石千峰组之间,而且这些地层经历的构造埋藏史基本一致,推测上石盒子组应介于中成岩A期到中成岩B期。上石盒子组泥岩实测突破压力为0.76～2.80MPa,平均突破压力为2.00MPa。从突破压力平面图上看,上石盒子组突破压力偏低,普遍不超过7MPa,最高仅为8MPa,而南部局部地区突破压力不足6MPa。

(3)石千峰组泥岩。在鄂尔多斯盆地东部,石千峰组盖层主要分布于南部地区,厚度可达160m以上,北部地区相对较薄,为120~140m。石千峰组伊/蒙混层中蒙脱石相对含量为40%~60%,因此石千峰组处于中成岩A期。石千峰组泥岩实测突破压力介于山西组和上石盒子组之间,为3.21~8.41MPa,平均突破压力为5.29MPa。从突破压力平面图上看,石千峰组突破压力普遍在6MPa以上,南部地区突破压力总体高于北部地区,局部地区突破压力超过10MPa,而北部部分地区突破压力却不足4MPa。

2)准噶尔盆地

准噶尔盆地上乌尔禾组为二叠系烃源岩之上的第一套储集层,砂体主要发育于上乌尔禾组一段和二段,物性条件较好,三段主要发育区域泥岩盖层。乌(上乌尔禾组)三段为高位体系域沉积,沉积期水体范围达到最大,形成的细粒沉积物可作为区域性盖层,有效封堵油气垂向运移,形成岩性-地层圈闭。上乌尔禾组顶部泥岩盖层是整个准噶尔盆地西北缘地区重要的区域盖层,具有厚度大,分布稳定的特点,可以有效封闭下二叠统风城组生成的油气和上二叠统夏子街组储集的油气(图5-5),对于西北缘地区油气成藏具有重要的意义。

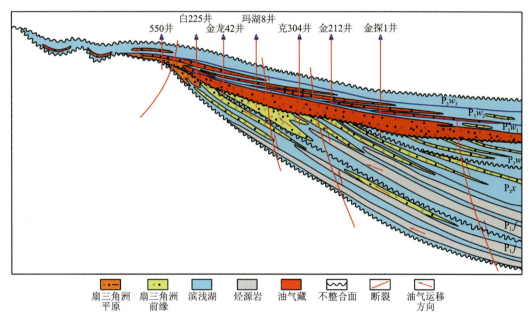

图5-5 准噶尔盆地西部上乌尔禾组成藏模式(匡立春等,2022)

3. 三叠系泥岩

1)塔里木盆地

塔里木盆地上三叠统上部泥岩,厚30~100m,厚度较稳定,变化总趋势是由南往北增大,为上油组的地区性盖层;中三叠统阿克库勒组顶部泥岩,厚60~90m,横向上分布不太稳定,变化较大,部分夹砂岩,是中油组的地区性盖层;中三叠统阿克库勒组中部泥岩,是下油组的盖层,大部分地区厚度为30~80m,横向上分布稳定,是地区性盖层。

2）四川盆地

三叠统须家河组为一套陆相碎屑岩含煤沉积,其中须(须家河组)一、须三、须五段以黑色页岩、泥岩为主,夹粉砂岩、砂岩、煤层或煤线,是主要的烃源岩和盖层。在川西地区,上三叠统须一段的海相泥页岩、须三段及须五段的三角洲平源沼泽相煤系地层、侏罗系的前三角洲泥岩和湖相泥页岩、白垩系的湖相泥页岩及蒸发岩构成了上三叠统储集层的直接盖层或区域盖层。其盖层厚度大,且分布较稳定,泥质岩质较纯、塑性较强,突破压力较高,属较优良的盖层(表5-1)。

表5-1 川西地区泥岩盖层封盖能力综合评价表(李宗银,2006)

层位	孔隙度/%	突破压力/MPa	突破时间/(h·m⁻¹)	中值半径/×10⁻¹⁰m	优势孔隙含量/% 10~32/×10⁻¹⁰m	优势孔隙含量/% 63~160/×10⁻¹⁰m	扩散系数/(m²·s⁻¹)	综合评价 分级	综合评价 评价
J_3	/	11.2~22.6	21.12~85.23	32	40.6~69.8	9.1~31.6	9.3×10⁻¹⁴~9.89×10⁻¹⁰	Ⅰ~Ⅲ	好~较好
J_2s	1.97~4.89	10.1~18.2	16.92~55.52	23~65	27.2~66.0	12.2~45.5	3.21×10⁻¹³~1.72×10⁻¹⁰	Ⅰ~Ⅲ	好~较好
T_3x^5	0.05~4.42	10.8~51.2	19.68~33.55	22~43	43.9~63.0	21.9~33.7	5.55×10⁻¹²~1.18×10⁻¹⁰	Ⅱ~Ⅲ	较好
T_3x^5	0.43~0.74	11.1~18.8	38.08	23	66.7	17.5	1.32×10⁻¹³	Ⅰ~Ⅱ	好

(1)须一段泥岩。川中地区须一段盖岩(泥岩＋煤层)厚度一般为10~50m,总体趋势为从东南向西北厚度增加,特别是阆中—盐亭—三台一线以西,厚度快速增加到100m以上(张卫东,2013)。川中内部相对于高值区在遂宁与南充之间,厚约100m。在广安、龙女寺—淶滩场、磨溪等地区为须一段缺失区,盐亭、西充等地区也呈现须一段泥岩厚度偏薄的现象,说明这些地区都具有古隆起或古构造背景。

(2)须三段泥岩。在川西地区,须三段盖岩厚度一般为10~90m,总体趋势向川西变厚,遂宁—武胜—南充—蓬安—南部—西充为相对于高值区,厚70~90m(图5-6)。从盖地比(盖岩厚度与地层厚度比值)分布看,须三段在大多数地区大于50%(图5-7),最高可达90%。

(3)须五段泥岩。对于须四段天然气的封闭保存起最主要作用的是上部的须五段泥岩盖层。史集建等(2013)对广安地区须五段泥岩盖层的综合封闭能力开展了评价。须五段泥岩在研究区西部最发育,厚度达200m,由西部向东部泥岩逐渐减薄,到鲜渡1、广安7和广安4一线以东地区降为30m以下(图5-8)。计算得到,排替压力为5.5~9.5MPa,气藏压力系数为1.05~1.50,断裂活动性较强,断层垂向封闭能力较弱,但盖层封气有效性好。经过研究得到,须五段盖层自沉积后快速埋深,封闭能力迅速提高,在广安地区的大部分区域内于三叠纪沉积后期时微观封闭能力达到1MPa,能够封盖特低储量丰度的气田。

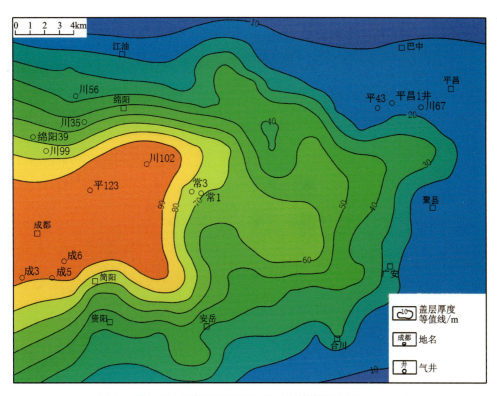

图 5-6　川中地区须家河组三段盖岩厚度等值线图（张卫东，2013）

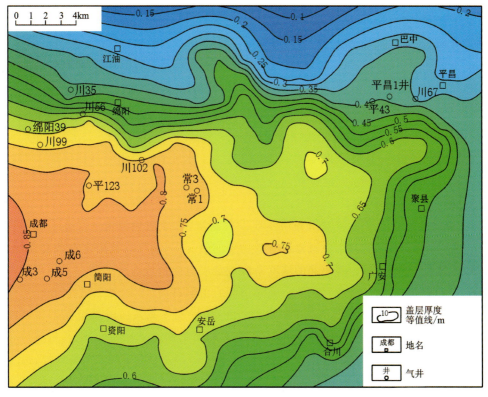

图 5-7　川中地区须家河组三段盖地比等值线图（张卫东，2013）

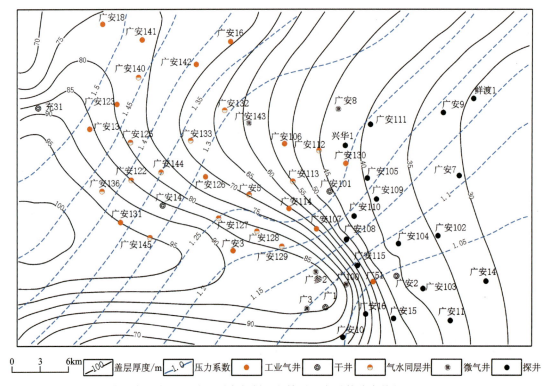

图 5-8　广安气田须五段盖层厚度与须四段储层压力系数分布特征(史集建等，2013)

3）鄂尔多斯盆地

鄂尔多斯盆地延长组上部主要为河流、浅湖沼泽相沉积的砂、泥岩夹煤线，为三叠系油藏的重要封盖层。在盆地中部顺宁地区，延长组区域盖层主要为长四+五段，其岩性是以泥岩为主的砂泥岩互层夹薄煤层或煤线，盖层厚度主要集中在 60~80m 之间(贾凡，2016)。在鄂尔多斯盆地南部彬长地区，长七$_3$ 小层欠压实泥岩可作为稳定的区域性盖层，长四+五油层组与长六$_{1+2}$、长七$_1$ 及长九$_1$ 小层等 4 套欠压实泥岩可作为局部盖层(图 5-9)。区域性盖层长七$_3$ 小层泥岩呈带状分布，在彬长地区东北部厚度最大，可达到 25m(图 5-10)。对单层泥岩盖层厚度进行统计发现，单层泥岩厚度大于 20m 的盖层以长七$_1$ 油层组所占比例最大(表 5-2)，反映其沉积时期湖盆水体较深，故其横向连续性相对较好。

4）准噶尔盆地

(1)白碱滩组。三叠系白碱滩组盖层主要发育深灰色、绿灰色泥岩。二叠系烃源岩生成的油气，在没有断裂断穿三叠系白碱滩组有效盖层的情况下，油气均被限定在该套盖层之下，即使有断裂断穿三叠系盖层，其上部的侏罗系区域盖层也能形成有效遮挡。克拉玛依油田的油层多集中于中—下三叠统，与其上的白碱滩组泥岩盖层有关。

以乌夏地区为例，通过统计 165 口井的录井资料，发现三叠系白碱滩组泥岩盖层在全区广泛发育，其中在南部单斜带相对较厚，向北至乌夏断褶带和山前冲断带，因其受到风化剥蚀或未接受沉积而相对较薄；其累计泥岩厚度为 9~320m，最小值出现在夏 21 井处，最大值出现在夏 67 井处，平均厚度为 145m(林美琦，2020)。因此，三叠系白碱滩组泥岩可以作为研究区良好的区域性盖层。白碱滩组泥岩盖层排替压力值处于 0.18～3.92MPa 之间,南部单斜带东部的夏 202 井区具有相对较高值,此处盖层封闭能力相对较好。

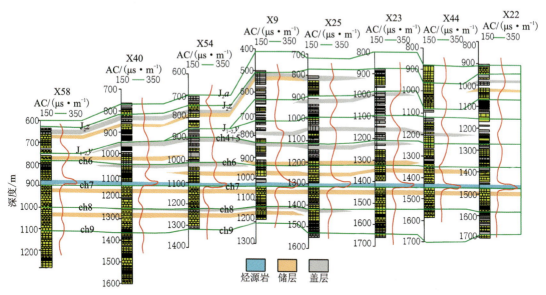

图 5-9　鄂尔多斯盆地彬长区块延长组生储盖分布剖面(陈贺贺等,2016)

J_2a.中侏罗统安定组;J_2z.中侏罗统直罗组;$J_{1-2}y$.中—下侏罗统延安组;ch4+5.长四+五油层组;ch6.长六油层组;ch7.长七油层组;ch8.长八油层组;ch9.长九油层组

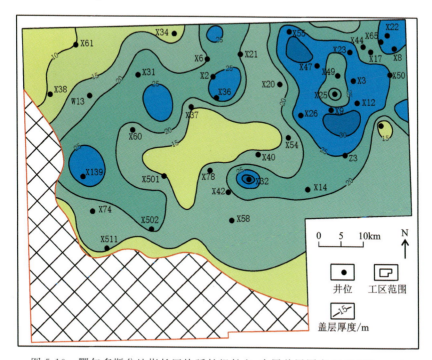

图 5-10　鄂尔多斯盆地彬长区块延长组长七$_3$小层盖层厚度(陈贺贺等,2016)

表 5-2　鄂尔多斯盆地彬长区块单层泥岩厚度占盖层总厚度的比例（陈贺贺等，2016）

单层泥岩厚度/m	长四＋五油层组	长六$_{1+2}$小层	长七油层组	长九油层组
<2.5	21	30	27	82
2～10	52	51	41	18
10～20	18	14	20	0
>20	9	5	12	0

（2）百口泉组。在玛湖凹陷斜坡区，三叠系百口泉组三段发育湖相泥岩，形成区域盖层。三叠系克拉玛依组、百口泉组三段有效储层主要发育在靠近物源的断裂带，在斜坡区以细粒沉积为主，成为百口泉组二段扇三角洲前缘砂体的直接盖层，构成良好顶板条件（图 5-11）。玛北斜坡区局部百口泉组一段与百口泉组二段底部为扇三角洲平原亚相致密砂砾岩沉积，因此百口泉组内部扇三角洲前缘有利砂体具备良好的顶底板封堵条件。

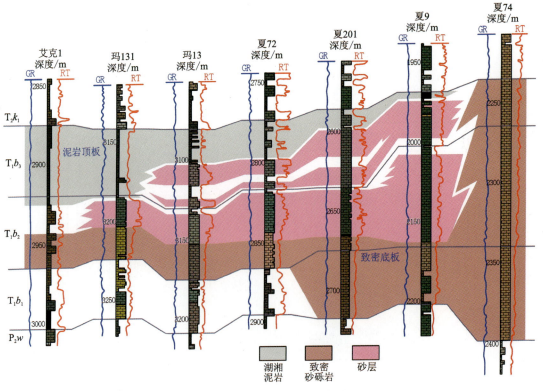

图 5-11　玛北斜坡区三叠系百口泉组储盖组合剖面（匡立春等，2014）

4. 侏罗系泥岩

1) 四川盆地

（1）沙溪庙组泥页岩。沙溪庙组内部的泥页岩可以作为直接盖层。据测井资料分析的泥页岩孔隙度均小于3%,在含钙高的层段,甚至小于1%,因此可以作为较好的组内封隔层(段文燊,2021)。由于水下分流河道为主要储集体,泥多砂少,呈现泥包砂的空间分布状态,由三维地震资料解释的条带状的河道砂体被广泛分布的泥页岩层包围,形成侧向封堵,有利于形成良好的横向封隔。广泛分布的叶肢介页岩或紫红色页岩层可以作为区域盖层,叶肢介页岩的孔隙度一般小于1%。这种泥包砂的组合结构非常有利于局部富集区的形成。

(2)遂宁组泥岩。遂宁组是上三叠统天然气成藏的区域性盖层。在遂宁组被剥蚀或断裂破坏的地区,上三叠统砂岩储层中一般不出现工业性气藏,如雾中山、五龙场等。遂宁组主要为棕红色泥岩,厚度稳定(305~350m),纯泥岩段厚度占总厚的65%~90%,塑性强,突破压力在10.1~22.6MPa,突破时间为19~86h/m,扩散系数小于$1.7×10^{-10}\,m^2/m$(李宗银,2006)。

(3)蓬莱镇组泥岩。在川西南地区,须(须家河组)二段气藏以侏罗系蓬莱镇组和遂宁组为区域盖层,须三段、须五段为直接盖层(图5-12)。区域盖层蓬莱镇组、遂宁组棕红色泥岩在苏码头构造累积厚度达840m以上(表5-3),且比较稳定,纯泥岩段约占总厚度的70%,其突破压力为10.4~12.8MPa,突破时间为19~29a/m,扩散系数小于$3.8×10^{-8}\,cm^2/s$,塑性强,可抑制下伏天然气大量扩散。总的来说,侏罗系蓬莱镇组区域盖层厚度大、突破压力小、扩散系数小、塑性强,封盖条件优越,具有良好的封堵性,为须二段良好的区域盖层。

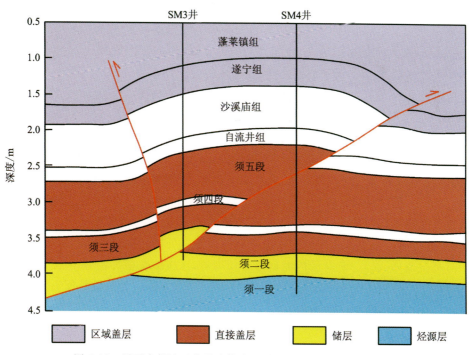

图5-12 川西南部地区苏码头构造生、储、盖组合示意(刘柏,2016)

表 5-3 川西南部地区须家河组气藏盖层泥岩厚度统计(刘柏,2016)

井号	区域盖层				直接盖层			
	蓬莱镇组		遂宁组		须五段		须三段	
	地层厚度/m	泥岩厚度/m	地层厚度/m	泥岩厚度/m	地层厚度/m	泥页岩厚度/m	地层厚度/m	泥页岩厚度/m
Y2	713.0	609.1	314.5	272.0	615.0	371.4	75.0	54.2
SM3	1 025.0	670.3	357.5	281.9	635.5	359.7	74.5	48.7
SM4	722.0	582.9	399.5	256.2	822.0	552.8	79.0	49.9
Q5			101.5	70.6	1 025.5	618.9	202.0	100.4
S3	515.5	395.4	341.0	305.8	523.0	280.0	36.0	19.0
QX6	819.5	680.8	290.5	244.5	772.5	606.4	169.0	97.8
PL2	874.0	721.5	320.0	262.1	877.0	782.6	174.0	125.5

2)鄂尔多斯盆地

在鄂尔多斯西缘彭阳地区,延安组盖层主要以灰黑色、深灰色泥岩为主,有少量的黑色碳质泥岩、泥质粉砂岩(何星辰,2021)。对泥岩厚度及泥地比统计得,延安组九段纵向泥岩厚度较大,平均厚度为 3.62m,主要分布在 22~30m 之间,泥地比平均为 64.68%,主要分布区间为 55%~90%;延八段泥岩厚度平均为 22.13m,主要分布区间为 22~30m,泥地比平均为 63.2%,泥地比多分布在 60%~85%之间;延七段泥岩平均厚度为 20.63m,集中分布在 18~26m 之间,泥地比平均值为 52.93%,小于 40%和大于 70%的分布较多;延六段泥岩平均厚度达 20.37m,18~26m 均有分布,泥地比平均为 54.77%,主要分布在 50%~70%之间。延六段盖层整体呈现西边厚东边薄的分布趋势,泥岩厚度大的井位基本都分布在分流间洼地处。

3)准噶尔盆地

准噶尔盆地侏罗系三工河组地层主要由暗色泥岩、碳质泥岩组成,含煤线,为湖侵期沉积。在乌夏地区,通过统计 166 口井的录井资料,发现侏罗系三工河组泥岩盖层在全区广泛发育,从乌夏断褶带到南部单斜带均有分布,呈由南向北逐渐减薄的趋势。其泥岩累积厚度相对白碱滩组较薄,为 2~238.5m,最小值出现在风 5 井处,最大值出现在乌 32 井处,平均厚度为 69m(林美琦,2020)。研究区内泥岩分布较均匀,且连续性相对较好,在夏 202 井区附近泥岩厚度相对较大,为 131~174m,其他区域基本在 50~100m。盖层排替压力分布在 0.14~5.96MPa 之间。

5. 白垩系泥岩

准噶尔盆地白垩系吐谷鲁群泥岩层整体以泥岩为主,包括连木沁组、胜金口组、呼图壁河组和清水河组,厚 500~2000m,泥地比高,厚度大,分布稳定,普遍发育异常高压(卓勤功等,2020)。如大丰 1 井呼图壁河组泥岩累积厚度为 1912m,泥岩单层厚度最大为 54m,泥地比为 80.1%;西湖 1 井吐谷鲁群泥岩累积厚度为 958m,泥岩单层厚度最大为 138m,泥地比为 88.7%;高探 1 井白垩系泥岩压力系数达 2.2。

通过分析吐谷鲁群盖层岩性、泥岩累积厚度和泥岩单层厚度等宏观评价参数以及渗透率和排替压力等微观评价参数,认为下储盖组合主力盖层为呼图壁河组,岩性表现为泥岩、粉砂质泥岩及泥质粉砂岩薄互层,泥地比以80%～95%为主,平均泥岩累积厚度为337m,泥岩最大单层厚度达138m,根据国内盖层封闭能力分类评价标准属Ⅰ—Ⅱ类盖层。

高探1井揭示,白垩系清水河组泥岩盖层厚度大,排替压力大,封闭能力强,超压系统盖层水力破裂和先存断层重新滑动动态控制了盖层能承受的最大超压和能封闭的最大烃柱高度(鲁雪松等,2021)。高探1井白垩系清水河组和侏罗系头屯河组为2套独立的压力系统(图5-13),清水河组压力系数为2.32,接近先存断层滑动的临界压力条件,推测盖层破裂前能够动态封闭的最大烃柱高度为200m。

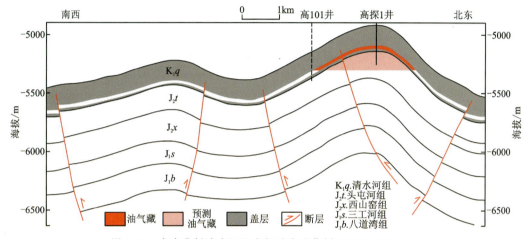

图5-13 高泉背斜清水河组底部砂岩油藏剖面(鲁雪松等,2021)

6.古近系泥岩层

1)塔里木盆地

塔里木盆地古近系库姆格列木群是库车坳陷重要的油气盖层,自下向上按岩性可划分为底砂砾岩段、含膏泥岩段、泥灰岩或白云岩段、含膏泥岩-盐岩段以及顶部的泥岩段。其中,顶部泥岩段一般厚100～200m,在中南部多为含膏泥岩层。

2)准噶尔盆地

准噶尔盆地古近系安集海河组泥岩盖层控制着准噶尔盆地南缘油气的分布。古近系安集海河组泥岩层既是区域盖层,也是区域构造滑脱层,构造滑脱层一般具有相对较小的弹性模量、泊松比和抗压强度,构造挤压过程中泥岩层间滑脱,产生滑脱断层。安集海河组实测排替压力为4.72～44.85MPa,且随埋深增加泥岩排替压力增大,封闭的最大气柱高度为5 293.4m(卓勤功等,2020)。在西湖1井,古近系安集海河组中部平均固有剪切强度为6.2MPa,而上、下岩层平均固有剪切强度为12.5～17.6MPa,滑脱层位于岩层的中部。玛河气田区域盖层为古近系安集海河组泥岩,最薄弱处在该层的中部,层间滑脱断层之下仍然保留了厚45m的连续分布泥岩盖层,玛河气田得以形成并保存。

第二节　碳酸盐岩类盖层

1. 石炭系碳酸盐岩盖层

卡拉沙依组自下而上包括中泥岩段、标准灰岩段、上泥岩段、砂泥岩段和含灰岩段。其中,标准灰岩段是一套厚层浅灰色泥晶灰岩组合,含灰岩段是一套中—厚层褐色、灰色灰岩。巴楚组顶部灰岩储层与上覆卡拉沙依组泥晶白云岩等可构成储盖组合。

2. 二叠系碳酸盐岩盖层

塔里木盆地二叠系的南闸组在全盆范围内岩性较稳定,以大套中—薄层状灰褐色、灰色泥岩夹灰色、褐色粉—细砂岩及灰色泥灰岩、灰岩为主。南闸组主要发育滩相储层,滩相储层之上沉积一套滩间泥灰岩或潮坪相泥坪泥岩沉积。局限台地分布于巴探5井—玛南1井—玉北2井一线以西地区,岩性以泥灰岩或泥灰岩夹泥岩沉积为特征。南闸组下部致密泥晶灰岩、泥灰岩可作为下伏小海子组顶部粒屑白云岩储层的盖层。

3. 侏罗系泥灰岩盖层

鄂尔多斯盆地侏罗系中统安定组,位于直罗组之上。早期湖泊以黑页岩、油页岩、杂色及红色砂页岩为主;中期入湖的碎屑物质较多,可达较深湖泊;晚期以碳酸盐岩及硅质岩为主,因气候炎热干燥,湖水几度矿化形成白云质泥灰岩,可作为直罗组储层的一套良好的上覆区域盖层。泥灰岩盖层分布范围大,以志丹—吴起—定边一带湖中心发育厚度大,厚度在30~50m之间(图5-14),厚度沿湖中心向边缘地带逐渐减小。安定组泥质灰岩对油气的向上运移调整阻滞作用明显,为下伏直罗组油藏起到了很好的保存封盖作用(图5-15)。

第三节　蒸发岩类盖层

1. 石炭系膏泥岩盖层

塔里木盆地石炭系膏盐岩、膏泥岩盖层是台盆区重要的区域盖层,它是塔河油田主体、塔中高垒带塔中4、塔中1油气田及和田河气田、哈得油田的直接盖层。石炭系膏泥质岩盖层主要发育于巴楚组下泥岩段、卡拉沙依组中泥岩段及上泥岩段中,岩性主要为泥岩与膏质泥岩。石炭系膏泥质岩区域盖层分布广泛,除雅克拉断凸外,台盆区基本全区覆盖(图5-16)。

巴楚—麦盖提地区7口典型钻井实测20件样品,膏泥岩突破压力较大,含石膏白云岩突破压力最高为64MPa,泥岩突破压力最大为29MPa(金之钧,2014)。从不同地区典型钻井石炭系盖层封盖能力动态评价结果看,巴楚地区石炭系盖层封盖形成较晚,为印支期以来;玉北地区、塔中及塔北古隆起区海西晚期均已具备油气封盖能力。巴楚隆起西段在印支期可能存在较大幅度的抬升,典型钻井(Y2井)OCR(超固结比)的计算结果表明该时期石炭系盖层封盖能力被破坏。在塔里木南部和田古隆起区,虽然烃源岩展布与供烃区均有待进一步落实,但盖层动态演化研究表明石炭系泥岩自海西晚期以来即具备封盖能力,且不断增强,保存条件较好。

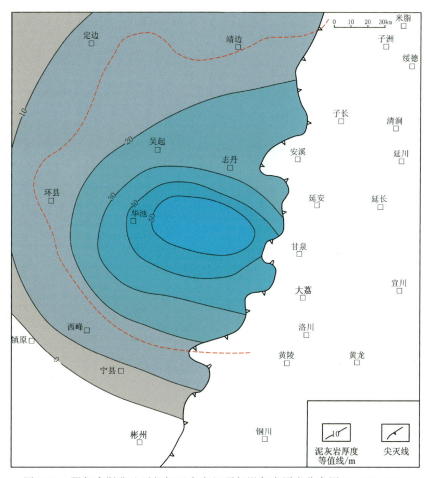

图 5-14 鄂尔多斯盆地延长探区安定组顶部泥灰岩厚度分布图(杨水胜,2020)

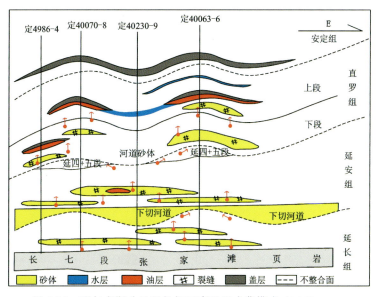

图 5-15 鄂尔多斯盆地延长探区直罗组成藏模式(杨水胜,2020)

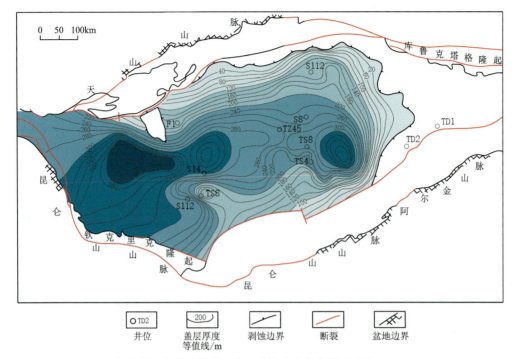

图 5-16 石炭系泥岩—膏泥质岩盖层分布图(金之钧,2014)

2. 古近系膏盐岩盖层

库车坳陷位于塔里木盆地北部,已发现大北 1、克拉 2 等油气田,是我国西气东输工程的资源基础。有利于库车坳陷形成巨大整装气田的地质条件主要是烃源条件和保存条件,作为区域性盖层的古近系膏盐质盖层的品质及穿盐断裂在该段的垂向封闭性决定了天然气的保存(图 5-17)。目前已发现的油气藏如克拉 2、大北 1 均位于这套盖层之下;吉迪克组和苏维依

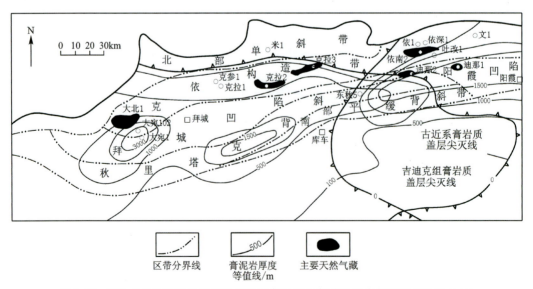

图 5-17 塔里木盆地库车坳陷构造格局及古近系盐膏质盖层分布图(付晓飞等,2006)

组的泥岩、膏盐等也是良好的区域性盖层。库车坳陷北部古近系膏岩、盐岩和泥岩为塑性材料，变形过程为典型的塑性形变(表5-4)，蠕变表明古近系膏盐质盖层具有较强的流动性。构造挤压使膏盐质盖层塑性流动，受断裂改造作用往往在构造圈闭上方形成巨厚的膏泥岩层。塔西南山前带膏岩类盖层主要分布于上白垩统和古近系—新近系，其中古近系阿尔塔什组石膏为优质区域性盖层(邢厚松等，2012)。

表 5-4 库车坳陷古近系膏泥岩岩石力学参数(付晓飞等，2006)

实验条件	层位	岩性		围压/MPa	温度/℃	杨氏模量/MPa	泊松比	抗压强度/MPa	屈服强度/MPa
常温常压	古近系库姆格列木组	盐岩	1	常压	常温	3.32	0.155	10.00	
			2			8.04	0.407	22.63	
	古近系苏维依组	膏岩	1			5.09	0.181	12.13	
			2			2.25	0.093	7.25	
		泥岩	1			20.75	0.140	31.50	
			2			10.95		20.00	
常温高压	古近系苏维依组	膏泥岩		82	常温	32 950.00	0.150	>381.00	282.0
		膏泥岩		5		31 190.00	0.200	365.00	245.0
		膏泥岩		62		41 640.00	0.260	306.00	212.0
		泥岩		123		9 050.00	0.270	300.00	233.0
		膏岩		62		34 700.00	0.270	314.00	215.0
		含膏泥岩		82		16 940.00	0.120	441.00	307.0
高温高压	古近系苏维依组	含膏泥岩		150	150			830.47	240.0
	古近系苏维依组	膏盐岩		190				1 014.10	509.6
	中寒武统	钙质泥岩		190				1 003.80	392.2

第六章

碎屑岩层系油气成藏

<<<<<<

第一节 构造油气藏

1. 雅克拉断凸中新生界油气藏

(1)圈闭条件。雅克拉断凸油气藏类型多样,其中多数与构造圈闭有关(罗小龙等,2012)。亚南断裂带与轮台断裂带,在中、新生界构造层发育了大量伸展和走滑构造,伴生大量低幅度背斜圈闭等(图6-1)。在白垩系与古近系中形成大量正断层,且全区均有发育,使白垩系与古近系成为重要的碎屑岩储层,形成了背斜、牵引背斜、断块和断层遮挡等圈闭,可发育背斜、断背斜和断层遮挡等油气藏,如沙3井白垩系巴什基奇克组—古近系断层遮挡凝析气藏。

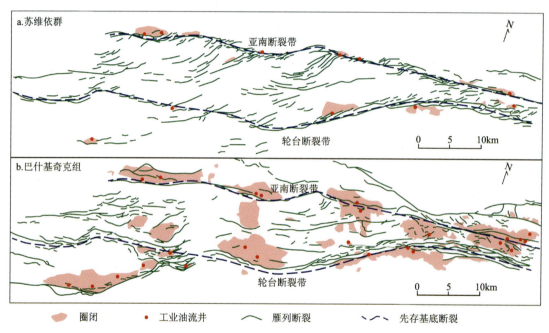

图6-1 雅克拉断凸古近系苏维依群和下白垩统巴什基奇克组断裂及伴生圈闭分布图

(2)油气成藏模式。雅克拉断凸油气主要来自北部库车坳陷的三叠—侏罗系陆相烃源岩,以及南部满加尔坳陷与阿瓦提坳陷的寒武—奥陶系的碳酸盐岩、泥质岩的海相烃源岩。北部陆相烃源岩的生油气高峰期为喜马拉雅期,南部海相烃源岩为加里东中期和海西早期,生成的油气沿不整合面与输导层运移至研究区。因挤压形成的亚南与轮台断裂于喜马拉雅早期在张扭应力作用下形成负反转构造,此时断裂处于活动期,呈开启状态,从南、北横向运移过来的油气沿断裂纵向运移至各储层(图6-2)。因此,研究区多数油气藏分布在两大断裂附近,如英买力、三道桥、大涝坝、牙哈、雅克拉和轮台油气藏等。

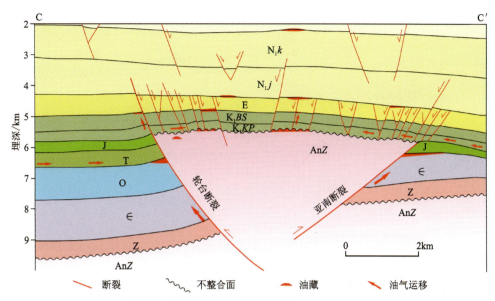

图 6-2 雅克拉断凸油气成藏模式(Li et al.,2012)

2. 巴楚隆起南缘断裂带

(1) 圈闭条件。受塔里木盆地多期复杂区域构造运动的影响，巴楚—麦盖提地区经历了复杂多变的构造变形过程，在多期构造变形过程中不仅形成了多种构造圈闭样式，而且还形成了众多的地层岩性圈闭和复合圈闭。背斜圈闭为重要的圈闭类型，该类圈闭形态完整，圈闭面积大，蕴藏的油气储量可观，是重要的油气勘探目标之一。

(2) 油气成藏模式。巴楚隆起南缘已在数个碎屑岩层系发现油气藏：巴什托石炭—泥盆系油气藏、亚松迪与和田河的石炭系气藏(Li et al., 2019)。该地区油气成藏与西南隆起的时空演化密切相关，包括了古生代和田隆起和中新生代巴楚隆起两个演化阶段。中奥陶统，和田古隆起在现今麦盖提斜坡的中部开始发育(图 6-3a)，并持续隆升至二叠世，与此同时巴楚地区寒武系碳酸盐岩烃源岩开始排烃。色力布亚-康塔库木-玛扎塔格断裂带位于和田古隆起北坡，为巴楚地区油气南下运移提供了有利通道。新生代以来，西昆仑造山带强烈推覆作用下麦盖提斜坡西南缘快速埋深，巴楚地区因其南北边界逆冲断层的强烈作用而开始隆升。此时，麦盖提斜坡寒武系和石炭系烃源岩的油气开始向北运移至巴楚隆起(图 6-3b)。巴楚隆起南缘处于两个古斜坡过渡带的独特位置，在不同时期均处于区域油气运移有利方向。

第二节 地层-岩性油气藏

1. 塔中隆起志留系岩性油气藏

(1) 圈闭条件。塔中地区海相碎屑岩是重要的勘探领域，普遍钻遇沥青砂岩、稠油，局部见轻质油。该地区隆起圈闭类型多样，石炭系以构造圈闭为主，志留系发育构造-岩性圈闭，奥陶系发育岩性圈闭(图 6-4)。志留系油藏主要位于塔中隆起东北地区，储层为下志留统滩

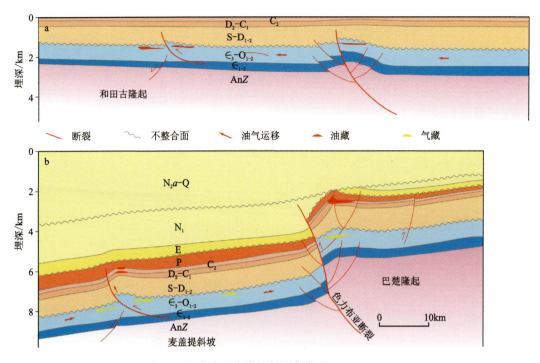

图 6-3 巴楚隆起南缘油气成藏模式(Li et al.,2012)

相、陆棚相砂岩,盖层主要为中上志留统泥岩。志留系从西向东、自北向南逐渐超覆沉积在奥陶系不整合之上,形成宽缓斜坡背景下的砂泥岩频繁互层的潮坪相、三角洲相沉积,储集层沉积厚度薄、横向变化大,容易形成大面积薄互层岩性圈闭。

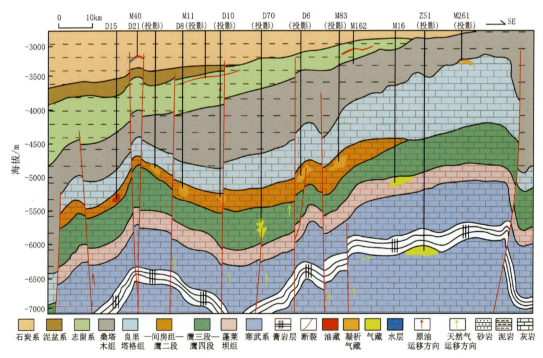

图 6-4 塔中北斜坡断控复式油气聚集模式(江同文等,2020)

(2)成藏模式。加里东运动末期即志留纪晚期,上奥陶统巨厚泥岩快速沉积,满加尔凹陷东部寒武系烃源岩进入生烃高峰期,形成志留系广泛分布的大型古油藏。早海西期,塔中隆起遭受广泛的抬升剥蚀,形成奥陶系碳酸盐岩古潜山,志留系盖层基本被破坏,早期的古油藏几乎破坏殆尽,形成广泛分布的沥青砂岩。但在泥岩盖层较厚与砂泥岩薄互层地区,仍有大量的原油保存下来,形成稠油或重质油。塔中62井原油主要来自寒武系,表明即使在东部埋藏较浅的地区,古油藏也能保存下来。晚海西运动期与喜马拉雅运动期两期成藏主要形成轻质可动油。后期油气来源于中上奥陶统,油气运移主要靠断层和火成岩通道作短距离运移。岩性上倾的尖灭区是塔中志留系有利的成藏领域(杨海军等,2007)。

2. 鄂尔多斯延长组大型岩性油藏成藏模式

延长组大面积分布的储集砂体与长七段优质烃源岩形成有利的源储配置,石油易于就近运聚成藏。长七段优质烃源岩厚度大、分布范围广,在生烃增压作用下,通过砂体和裂缝作为有效输导通道运移,在多套储集砂体中形成多层系叠置的大型油藏。图6-5所示的长八段油藏是典型的岩性油藏成藏模式(惠潇等,2019)。

按储集砂体所属的沉积体系与烃源岩分布区的空间配置关系,主要发育3种成藏模式。①曲流河三角洲成藏模式。多期叠加的分流河道,砂体较稳定,但储层较致密,石油以侧向运移为主,邻近生烃中心的分流河道有利于石油聚集成藏,如东北部的安塞油田。②辫状河三角洲成藏模式。分流河道砂体通常较稳定,储层物性好,油藏以上生下储为主,易形成大型岩性油藏,有利于石油聚集成藏,如西北部的姬塬油田和西南部的西峰油田。③三角洲与重力流复合成藏模式。此类型一般位于湖盆中心,受湖盆演化、构造事件影响而形成的大型浊积砂体,与三角洲前缘砂体复合,有利于石油聚集成藏,如湖盆中部的华庆油田。

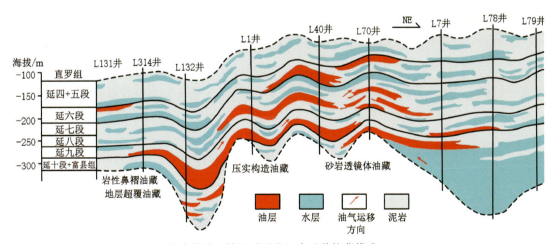

图6-5 鄂尔多斯盆地侏罗系延安组古地貌控藏模式(惠潇等,2019)

3. 玛湖凹陷斜坡区扇控大面积岩性油藏

(1)圈闭条件。玛湖凹陷三叠系百口泉组以扇三角洲沉积为主,陆源碎屑供给充足,沉积时坡度较缓,扇三角洲前缘亚相发育,砂体推进至湖盆中心,尤其是早期低位沉积的百口泉组一段和百口泉组二段,砂砾岩分布广、厚度大、物性相对较好。百口泉组储层整体为低孔低渗储层,主力油层百口泉组二段储层孔隙度为 6.95%～13.9%,渗透率为 $(0.05～139)\times10^{-3}$ μm^2(匡立春等,2014)。低孔低渗储层造成油藏一定闭合高度所要求的侧向遮挡以及封盖条件有所降低,易于形成大面积"连续型"油藏。

(2)成藏模式。玛湖凹陷斜坡区构造格局形成于白垩纪早期,构造较为简单,基本表现为南东倾的平缓单斜,局部发育低幅度背斜、鼻状构造与平台,三叠系百口泉组倾角平均为 2°～4°。玛湖凹陷斜坡区发育一系列具有调节性质、近东西向的走滑断裂。这些断裂断距不大,断面陡倾,大多数断开二叠—三叠系百口泉组。断裂数量较多,在平面上成排、成带发育,并与主断裂相伴生,断裂两侧不仅发育一系列正花状构造,而且发育一系列鼻状构造。海西—印支期形成多条近东西向的压扭性断裂,断开百口泉组储集体,直接沟通下部烃源岩,因此断裂成为源外跨层运聚的通道,为大面积成藏奠定良好的输导条件。相对平缓的构造背景使得原油不易运移、调整逸散,有利于形成大面积"连续型"油气藏。含油边界主要受岩性变化控制,油藏分布没有明显的边界,无统一油水界面和压力系统,反映其受水浮力影响较小,这些都符合经典的"连续型"油藏特征。

第三节 火山岩油气藏

随着碎屑岩常规油气资源勘探难度的不断加大,火山岩展现了较好的勘探前景。例如,在松辽盆地火山岩发现的庆深气田,展示出超 $1\times10^{12} m^3$ 的资源潜力。在准噶尔、塔里木、四川等中西部叠合盆地,石炭—二叠系火山岩非常发育,分布广泛,火山岩油气勘探也越来越受到重视。就陆相层系来说,火山岩主要分布在塔里木盆地,而在四川与准噶尔盆地以海相为主。下面重点叙述塔里木盆地火山岩油气藏特征。

(1)圈闭条件。塔里木盆地二叠世晚期广泛的岩浆活动,主要产于下二叠统库普库兹满组和下二叠统上部的开派兹雷克组,前者称下火山岩段,后者称上火山岩段。目前在塔里木盆地,已知可以形成侧向封闭型油气藏。二叠系火山岩(玄武岩、辉绿岩等)刺穿前期沉积地层,石炭系、志留系等地层由于岩浆岩的侧向遮挡作用而形成圈闭,如塔中47井区的志留系和石炭系油藏(图6-6)。此外,火山碎屑岩自身也属于一种特殊类型的储层,如火山通道相的熔结角砾岩和隐爆角砾岩、溢流相的安山岩和流纹岩、爆发相的火山角砾岩和火山集块岩,都具有较高的孔隙度和渗透率。

(2)成藏模式。岩浆活动产生的巨大热能构成油气运移的动力,同时在围岩中伴生岩浆活动而产生的许多小断层与裂缝是油气运移的有利通道。此外,岩浆侵入的通道也是一条有利的油气运移通道。塔中地区早二叠世末岩浆侵入,穿透了上寒武统、奥陶系的泥岩、碳酸盐岩等巨厚岩层,形成的岩墙存在一个与不同时代地层近垂向接触的岩墙面。岩墙面的愈合过程需要一定的时间,它恰似"直立的不整合面"。因此,在岩浆活动及之后的相当长一段时间内,油气就可以沿这个面向上运移,经此通道运移的油气可以在下二叠统及以下层位聚集。

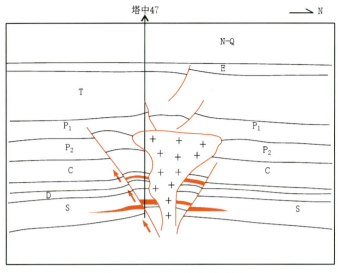

图 6-6 塔中 47 油藏剖面图

第四节 山前带油气藏

1. 库车山前带油气藏

（1）圈闭条件。库车前陆盆地主要受南天山大规模向盆内逆掩推覆作用，主要发育大量的逆冲构造变形及盐构造，圈闭类型则以叠瓦断块、断层传播褶皱、断背斜、断鼻等为主。库姆格列木组盐（膏）厚度较大，塑性变形强烈，对库车坳陷油气成藏过程具有重要的影响（图 6-7）。盐下发育被动顶板双重构造，形成宽缓的断弯褶皱，断层向下沟通油源，向上连接储层并终止于膏盐岩滑脱层，形成的构造圈闭规模大、幅度高，为油气聚集提供了良好的场所。

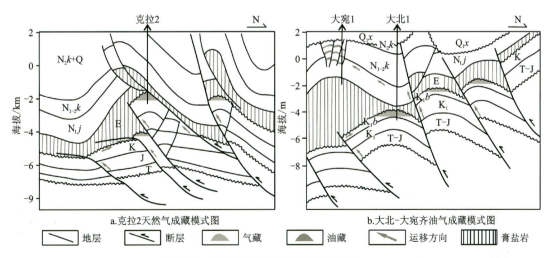

图 6-7 库车山前带成藏模式图（李萌等，2015）

(2)成藏模式。受古近系、新近系膏盐岩的制约,库车山前油气具有明显的盐上、盐下分层展布特征。盐下油气藏位于古近系和新近系盐层之下、三叠—侏罗系烃源岩之上,断裂比较发育,油气沿断裂充注到盐下背斜、断背斜圈闭中聚集成藏。对于盐下成藏模式来说,关键在于盐下圈闭和通源断层。迪那2号构造具有完整的背斜形态,两条北倾逆冲断裂不仅控制其构造形态,也是油气向上运移的通道。克拉2气田同样为背斜圈闭,多条断层从下往上沟通中、下侏罗统煤系烃源岩(李贤庆等,2004),虽有断裂刺穿圈闭,但具有侧向封堵的作用,保存条件仍然十分优越。盐上油气藏则位于古近系和新近系膏盐岩之上,后期断裂穿过膏盐岩将深层油气运移至浅层。大宛齐油田古凝析气藏来自大北1号构造,油气沿断层向上运移在康村组和第四系断块中聚集成藏。

2. 塔西南山前带油气藏

(1)圈闭条件。西昆仑山在塔西南山前带派生不同性质应力场,自构造变形西向东表现出明显的的分段差异性。相应地,圈闭类型以三角带构造圈闭、传播褶皱构造、叠加背斜圈闭等为主,沿走向存在分段差异,难以达到库车成排成带的规模(图6-8)。该区存在上白垩统—古近系膏盐岩等优质盖层,圈闭的封闭条件优越。塔西南山前构造形变强,后期反冲断层、叠加推覆等使该区构造复杂化,破坏了原有构造圈闭的规模和完整性。

(2)成藏模式。沿塔西南山前走向,构造变形特征、圈闭类型等存在明显差异,可能形成油气藏的模式也各有特色。根据圈闭类型,将其划为三角带构造、传播褶皱构造、叠加背斜等成藏模式。在齐姆根构造三角带中,各断夹块地层常形成背斜圈闭,以下白垩统克孜勒苏群砂岩和上白垩统膏盐岩构成良好的储盖组合,古生界油气沿逆冲断层向上运移,在反冲断层之下聚集成藏。柯克亚凝析油气藏的主力产层为浅层新近系,早期成藏与齐姆根构造三角带类似,油气主要来自二叠系源岩(莫午零等,2013),沿断层运移至古近系膏盐下圈闭中聚集成藏,随着侧向挤压应力和异常高压的加剧,油气突破盖层运移至上覆传播褶皱中再次成藏。和田叠加背斜油气来源于寒武—奥陶系碳酸盐岩和下石炭统—下二叠统源岩,下二叠统内部形成储盖组合,油气沿断裂从深部经过折线式运移在叠加背斜圈闭中成藏。

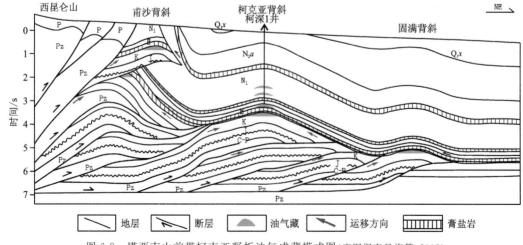

图6-8 塔西南山前带柯克亚凝析油气成藏模式图(底图据李丹梅等,2008)

3. 塔东南山前带油气藏

(1)圈闭条件。塔东南若羌凹陷山前带受到阿尔金北缘断裂的冲断作用,构造变形向盆地方向的扩展有限,向盆地内部变形微弱。圈闭多与挤压构造有关,以背斜、断背斜为主,与阿尔金山平行且成排分布,圈闭规模较大(郭群英等,2008)。民丰凹陷山前叠瓦逆冲、三角带等规模较小,后期运动使地层发生强烈掀斜,构造圈闭的封闭条件较差,往盆地内部发育断鼻、低幅度背斜等圈闭(图6-9)。古近系底部膏岩层主要分布在民丰地区,相对于库车和塔西南膏盐层厚度较小,后期活动断层极易穿透塑性层而造成油气的散失。

(2)成藏模式。阿尔金断裂带走滑-冲断变形强烈,远离塔东南山前的第二排构造带圈闭条件较好,以若羌、罗布庄和民丰构造带为有利构造带。若羌构造带背斜-断背斜圈闭面积大、幅度较高,且近邻瓦石峡凹陷,侏罗系油源较为充足,断层可以作为油气垂向运移的通道,有利于油气藏的形成,若参1井已见到良好的气测显示。对于罗布庄背斜圈闭,靠近山前拗陷侏罗系生烃中心,断层和砂体则成为油气向高部位运移的重要通道。民丰凹陷发育有侏罗系和石炭系两套烃源岩,山前带三角带圈闭的规模不大,发育断裂、砂体等构成油气运移通道。喜马拉雅晚期以来,后期构造运动致使山前地层强烈掀斜,构造圈闭的有效性变差,且部分断裂穿透古近系膏泥岩盖层,早期油气极易逸散,油气难以在此大规模聚集。在民丰凹陷内部,低幅度背斜如于田构造带等具备较好的成藏条件。

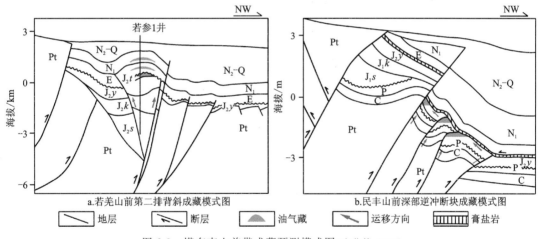

图 6-9 塔东南山前带成藏预测模式图(李萌等,2015)

4. 准南山前带油气藏

(1)圈闭条件。在形成大型构造圈闭的同时,喜马拉雅晚期强烈的构造改造作用也使得构造上盘不利于油气成藏。例如,第二排构造带均发育有突破至地表的断裂,第三排独山子背斜核部也见断裂通天形成的泥火山等,而推覆断裂的下盘往往发育不够完整的断背斜或隐伏构造(如霍-玛-吐断裂下盘构造等)或大型隐伏背斜(如西湖、东湾背斜等),是有利的勘探目标(图6-10)。对于凹陷带北部斜坡带来说,晚新生代构造掀斜作用使得上倾方向的岩性、地层圈闭有利于油气成藏。10Ma 以来的快速构造变形是准南冲断带新构造形成的重要时期,构造形成与晚期成藏在时间上匹配良好。

(2)成藏模式。晚新生代构造活动引起的快速沉降和巨厚沉积,极大地加速了烃源岩的成熟演化,特别是加速了中生界煤系地层的高—过成熟过程,使得盆地具有富气特征。强烈的推覆使得冲断带位于凹陷中的生烃中心之上,对油气运聚极为有利。晚新生代断裂的沟通作用,使得二、三排构造带的油气主要位于古近系安集海河组区域性盖层之下。但是,晚新生代构造活动对早期形成的构造或油气聚集可能起到较大的破坏作用,导致次生油气藏或晚期油气聚集的形成,如齐古背斜早期形成的油藏遭受调整和破坏,喜马拉雅期又聚集了晚期高成熟气。凹陷带北部受构造掀斜作用的影响,早期形成的油气藏受到调整、破坏同时使得单斜背景上的岩性、地层圈闭成为油气成藏的有利部位。

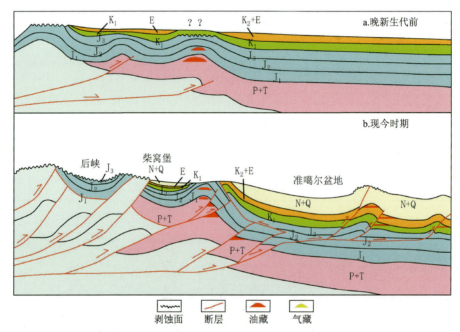

图 6-10　准南冲断带晚新生代构造形成与油气成藏模式示意图(方世虎等,2007)

第五节　断缝体油气藏

目前,在川北、川西须家河组和鄂南三叠系,"断缝体"这一特殊类型油气藏的研究取得了进展,但针对其定义、内涵、范围等仍有不同的表述。例如,何发岐等(2020)认为,断缝体是由断裂、伴生脆性破碎带及被其改造过的致密低渗砂岩共同构成的储集体,其上部及侧面均有非渗透泥质岩、致密层等遮挡。蔡勋育等(2020)认为,以裂缝网络为主、基质孔隙为辅,二者相辅相成、构成裂缝-孔隙"储渗体"。王威和凡睿(2019)提出,"断缝体"是由断裂、褶皱伴生裂缝叠合基质孔形成的不沿层状分布的规模网状缝孔储渗体。

1. 鄂南中生界"断缝体"油藏

(1) 定义内涵。鄂尔多斯盆地南缘过渡带中生界延长组发育湖泊—三角洲沉积体系,形成大面积展布的河道砂层复合体,燕山期和喜马拉雅期构造运动在鄂南盆缘形成北东向和南西向两组区域性断裂。在构造作用下,致密碎屑岩中发育的断裂及其伴生的局部脆性破碎带,组合成断裂系统,成为致密低渗储层重要的储集空间和成藏渗流通道。这种由断裂、伴生脆性破碎带及被其改造过的致密低渗砂岩共同构成的储集体,其上部及侧面均有非渗透泥质岩、致密层等封挡,称为断缝体(图 6-11)。断裂有效的沟通源岩,石油可沿断裂垂向或侧向运移进入高渗的断缝体,在上覆油页岩、泥岩等盖层封堵以及侧向泥岩、致密砂岩遮挡下,形成断缝体油藏。

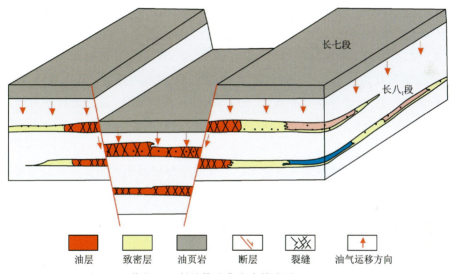

图 6-11　彬长地区断缝体油藏发育模式图(何发岐等,2022)

(2) 断裂(断缝)特征。镇泾、彬长区块中生界断裂、裂缝比较发育,三叠系断裂断面倾角大,基本上以陡直断裂为主或上缓下陡,向上延伸切穿白垩系,到深部近于直立;断裂在平面上呈带状产出,包括一系列与主断裂相平行或以微小角度相交的次级断裂;单条断裂延伸不远,各级断裂分叉交织,构成极为复杂的辫状、羽状断裂带;断裂带基本上呈直线延伸,断面在空间上具有"丝带效应"的特点,即同一条断裂的倾向在不同的空间位置会有明显的变化,导致同一断层在空间上表现出既有正断层又有逆断层的特征。裂缝以构造成因为主,主要为高角度缝、剪裂缝。

(3) 成藏模式。通过对断缝体的识别与描述,结合近几年的开发实践,对于鄂尔多斯盆地南缘过渡带致密低渗油藏的油水分异规律有了新的认识。镇泾、彬长区块延长组基质储层致密,含油饱和度较低,油水基本不分异;断缝体内毛细管力变小,界面势能降低,会导致原生致密油藏基质孔隙中的石油渗流到附近的断缝体系中,并在局部浮力驱动下沿缝网通道垂向、侧向运移到高部位的有利储集空间,直至上倾方向被不渗透的泥岩或致密砂岩所遮挡,形成油气富集区;从基质孔隙渗流出来的水在油水分异作用下被交换到裂缝连通的较低部位的储集空间。镇泾、彬长区块断缝体的存在不仅仅改善了致密的储层物性,同时作为油气运、聚、散的通道,改造调整了原生油藏的油水关系。

2. 川北须家河"断缝体"气藏

(1)定义内涵。四川盆地东北部马路背—通江地区须家河组致密砂岩经近几年勘探,成效显著,多口井在须家河组测试获得高产工业气流。通过对该区气藏精细解剖,认为须家河组发育了一种特殊的"断缝体"气藏类型。这种气藏类型有别于普通的致密砂岩气藏,它受到断层和伴生褶皱的联合控制,基质孔隙砂是其发育的物质基础,规模网状有效缝是其富集高产的关键因素。裂缝网络与基质孔隙的合理配置决定了这类缝控型甜点的发育规模(凡睿等,2023)。

(2)断裂(断缝)特征。大规模网状裂缝发育是研究区高产稳产井产层的重要特点。通过岩心、成像测井资料对裂缝分析表明,须家河组有效裂缝倾角多为中高角度,大规模有效裂缝发育主要受断裂及断裂形成的相关褶皱共同影响。马103井须家河组岩心实测孔隙度平均为2.2%,测井解释孔隙度也较低。但该井须家河组规模网状有效裂缝非常发育,裂缝以中高角度的构造裂缝为主,且裂缝具有开度大、密度高、长度大的特征,在显微镜下可以观察到大量刚性颗粒破裂形成颗粒内部微裂缝,中高角度构造裂缝与颗粒内部微裂缝形成大量网状裂缝。

(3)成藏模式。马路背地区须家河组天然气来源于深层海相和须家河组自身煤系烃源岩2套优质烃源岩。海相烃源岩生成的天然气通过燕山—喜马拉雅期形成的深大断裂向上输导进入须家河组储集体(图6-12),须家河组内部大面积分布的砂岩和裂缝是须家河组自身烃源岩生成的天然气和深层海相天然气进入须家河组有效储集体的输导体系。结合构造演化及

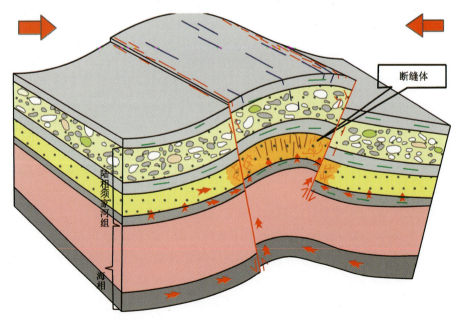

图6-12 马路背地区须家河组"断缝体"成藏模式示意图(王威和凡睿,2019)

埋藏、充注史分析，晚三叠世末期，马路背地区须家河组产状平缓、构造稳定，深层二叠系烃源岩已经开始生气，但深大断裂尚未形成。中燕山—晚燕山期，须家河组储层已经致密化，在大巴山构造带强烈推覆作用下，大量深大断裂开始形成，沟通海相烃源岩与陆相须家河组储集体，海相烃源岩生成的天然气通过深大断裂运移至须家河组断缝储集体。晚白垩世以来，川北地区大幅度抬升，断裂、裂缝更为发育，须家河组气藏进一步调整改造，局部更加富集。马路背地区须家河组气藏表现为"双源供烃、立体输导、复式聚集、断缝富集"的特点（王威和凡睿，2019）。

主要参考文献

毕力格,2021.准噶尔盆地西北缘佳木河组岩相古地理分析[D].北京:中国地质大学(北京).

操应长,燕苗苗,葸克来,等,2019.玛湖凹陷夏子街地区三叠系百口泉组砂砾岩储层特征及控制因素[J].沉积学报,37(5):945-956.

曹江骏,罗静兰,马迪娜·马吾提汗,等,2022.差异性沉积-成岩演化过程对砂砾岩储层致密化的影响——以准噶尔盆地东部二叠系上乌尔禾组为例[J].中国矿业大学学报,51(5):923-940.

陈斌,2019.晚三叠世龙门山前陆盆地南部黑色页岩的沉积特征与形成机制[D].成都:成都理工大学.

陈贺贺,朱筱敏,陈纯芳,等,2016.鄂尔多斯盆地彬长区块延长组生储盖组合与油气富集特征[J].岩性油气藏,28(2):56-63.

程立雪,2011.广元地区上三叠统须家河组沉积体系与层序地层学研究[D].成都:成都理工大学.

池建强,2022.神府地区太原组—本溪组烃源岩特征及生烃潜力评价[J].西部探矿工程,34(11):126-128.

崔宏伟,陈义才,任庆国,等,2011.鄂尔多斯盆地定边地区延安组延10低渗储层微观特征[J].天然气勘探与开发,34(2):15-17.

邓宾,2013.四川盆地中—新生代盆-山结构与油气分布[D].成都:成都理工大学.

段文燊,2021.四川盆地中侏罗统下沙溪庙组致密气勘探潜力及有利方向[J].石油实验地质,43(3):424-431+467.

段志强,夏辉,王龙,等,2022.鄂尔多斯盆地庆阳气田山1段储集层特征及控制因素[J].新疆石油地质,43(3):285-293.

凡睿,曾韬,雷克辉,等,2023.川东北地区须家河组"断缝体"气藏立体雕刻技术及应用[J].石油物探,62(2):336-344.

方世虎,贾承造,宋岩,等,2007.准南地区前陆冲断带晚新生代构造变形特征与油气成藏[J].石油学报(6):1-5.

冯陶然,2017.准噶尔盆地二叠系构造-地层层序与盆地演化[D].北京:中国地质大学(北京).

冯兴强,郑和荣,向赟,2008.塔里木盆地塔河地区泥盆系东河塘组储层特征及其含油气性[J].石油实验地质(5):467-471.

付锁堂,姚泾利,李士祥,等,2020.鄂尔多斯盆地中生界延长组陆相页岩油富集特征与资源潜力[J].石油实验地质,42(5):698-710.

付晓飞,宋岩,吕延防,等,2006.塔里木盆地库车坳陷膏盐质盖层特征与天然气保存[J].石油实验地质(1):25-29.

高崇龙,纪友亮,任影,等,2016.准噶尔盆地石南地区清水河组沉积层序演化分析[J].中国矿业大学学报,45(5):958-971.

高崇龙,王剑,靳军,等,2023.前陆冲断带深层储集层非均质性及油气差异聚集模式——以准噶尔盆地南缘西段白垩系清水河组碎屑岩储集层为例[J].石油勘探与开发,50(2):322-332.

顾忆,黄继文,贾存善,等,2020.塔里木盆地海相油气成藏研究进展[J].石油实验地质,42(1):1-12.

郭德运,2009.鄂尔多斯盆地东部上古生界沉积体系研究[D].西安:西北大学.

郭群英,王步清,潘正中,等,2008.塔里木盆地若羌地区石油地质特征[J].天然气工业,180(10):28-31+136.

韩永林,王成玉,王海红,等,2009.姬塬地区长8油层组浅水三角洲沉积特征[J].沉积学报,27(6):1057-1064.

韩宗元,苗建宇,布占琦,2007.鄂尔多斯盆地镇原地区中生界延长组、延安组烃源岩地球化学特征对比分析[J].现代地质(3):532-537.

何登发,贾承造,李德生,等,2005.塔里木多旋回叠合盆地的形成与演化[J].石油与天然气地质(1):64-77.

何登发,李德生,张国伟,等,2011.四川多旋回叠合盆地的形成与演化[J].地质科学,46(3):589-606.

何登发,赵文智,1999.中国西北地区沉积盆地动力学演化与含油气系统旋回[M].北京:石油工业出版社.

何发岐,梁承春,陆骋,等,2020.鄂尔多斯盆地南缘过渡带致密-低渗油藏断缝体的识别与描述[J].石油与天然气地质,41(4):710-718.

何发岐,齐荣,袁春艳,等,2022.鄂尔多斯盆地南部地区断裂构造与油气成藏关系再认识——以彬长地区为例[J].地球科学(6):1-18.

何发岐,王付斌,郭利果,等,2022.鄂尔多斯盆地古生代原型盆地演化与构造沉积格局变迁[J].石油实验地质,44(3):373-384.

何星辰,2021.彭阳地区延安组储盖组合及对石油富集的影响[D].西安:西北大学.

厚刚福,王海燕,张先龙,等,2012.塔里木盆地志留系储盖组合特征与分布[J].沉积与特提斯地质,32(2):59-65.

胡鑫,邹红亮,胡正舟,等,2021.扇三角洲砂砾岩储层特征及主控因素——以准噶尔盆地东道海子凹陷东斜坡二叠系上乌尔禾组为例[J].东北石油大学学报,45(6):15-26+5-6.

黄东,杨光,杨智,等,2019.四川盆地致密油勘探开发新认识与发展潜力[J].天然气地球科学,30(8):1212-1221.

黄文魁,2019.库车坳陷煤系烃源岩生烃动力学和地球化学特征研究[D].广州:中国科学院大学(中国科学院广州地球化学研究所).

黄彦庆,肖开华,王爱,等,2022.川东北元坝西部须家河组二段优质储层展布特征研究[J].沉积与特提斯地质(4):1-13.

惠潇,赵彦德,邵晓州,等,2019.鄂尔多斯盆地中生界石油地质条件、资源潜力及勘探方向[J].海相油气地质,24(2):14-22.

霍进,支东明,郑孟林,等,2020.准噶尔盆地吉木萨尔凹陷芦草沟组页岩油藏特征与形成主控因素[J].石油实验地质,42(4):506-512.

贾承造,姚慧君,魏国齐,等,1992.塔里木盆地板块构造演化和主要构造单元地质构造特征[M]//童晓光,梁狄刚.塔里木盆地油气勘探论文集.乌鲁木齐:新疆科技卫生出版社.

贾凡,2016.鄂尔多斯盆地纸坊北—顺宁地区三叠系延长组储盖层特征及其控油性研究[D].西安:西安石油大学.

江同文,韩剑发,邬光辉,等,2020.塔里木盆地塔中隆起断控复式油气聚集的差异性及主控因素[J].石油勘探与开发,47(2):213-224.

姜振学,李峰,杨海军,等,2015.库车坳陷迪北地区侏罗系致密储层裂缝发育特征及控藏模式[J].石油学报,36(S2):102-111.

金之钧,2014.从源-盖控烃看塔里木台盆区油气分布规律[J].石油与天然气地质,35(6):763-770.

金之钧,刘国臣,李京昌,等,1998.塔里木盆地一级演化周期的识别及其意义[J].地学前缘(S1):194-200.

琚岩,孙雄伟,刘立炜,等,2014.库车坳陷迪北致密砂岩气藏特征[J].新疆石油地质,35(3):264-267.

康玉柱,2008.新疆两大盆地石炭—二叠系火山岩特征与油气[J].石油实验地质(4):321-327.

匡立春,支东明,王小军,等,2022.准噶尔盆地上二叠统上乌尔禾组大面积岩性-地层油气藏形成条件及勘探方向[J].石油学报,43(3):325-340.

李驰,2017.苏里格地区盒8段储层成岩作用与孔隙演化研究[D].成都:西南石油大学.

李丹梅,汤达祯,邢卫新,等,2008.塔西南前陆冲断带油气成藏地质条件的分段性[J].地学前缘(2):178-185.

李洪奎,2020.四川盆地地质结构及叠合特征研究[D].成都:成都理工大学.

李江海,周肖贝,李维波,等,2015.塔里木盆地及邻区寒武纪—三叠纪构造古地理格局的初步重建[J].地质论评,61(6):1225-1234.

李军,陶士振,汪泽成,等,2010.川东北地区侏罗系油气地质特征与成藏主控因素[J].天然气地球科学,21(5):732-741.

李萌,汤良杰,杨勇,等,2015.塔里木盆地主要山前带差异构造变形及对油气成藏的控制[J].地质与勘探,51(4):776-788.

李世临,张静,叶朝阳,等,2022.川东地区下侏罗统凉高山组烃源岩资源潜力评价[J].天然气勘探与开发,45(3):89-98.

李松峰,王生朗,毕建霞,等,2016.普光地区须家河组烃源岩特征及成烃演化过程[J].地球科学,41(5):843-852.

李贤庆,肖贤明,米敬奎,等,2004.塔里木盆地克拉2大气田天然气的成因探讨[J].天然气工业(11):8-10+10.

李英强,何登发,2014.四川盆地及邻区早侏罗世构造-沉积环境与原型盆地演化[J].石油学报,35(2):219-232.

李振宏,冯胜斌,袁效奇,等,2014.鄂尔多斯盆地及其周缘下侏罗统凝灰岩年代学及意义[J].石油与天然气地质,35(5):729-741.

李忠权,麻成斗,应丹琳,等,2014.川渝地区构造动力学演化与盆岭-盆山耦合构造分析[J].岩石学报,30(3):631-640.

李宗银,2006.川西前陆盆地上三叠统油气成藏条件及勘探前景[D].成都:西南石油大学.

廖晓,王震亮,余朱宇,等,2018.塔里木盆地柯坪地区奥陶系高丰度海相烃源岩成因探讨[J].地质科技情报,37(2):59-64.

林畅松,李思田,刘景彦,等,2011.塔里木盆地古生代重要演化阶段的古构造格局与古地理演化[J].岩石学报,27(1):210-218.

林畅松,杨海军,刘景彦,等,2008.塔里木早古生代原盆地古隆起地貌和古地理格局与地层圈闭发育分布[J].石油与天然气地质(2):189-197.

林良彪,陈洪德,朱利东,2009.川东地区吴家坪组层序-岩相古地理特征[J].油气地质与采收率,16(6):42-45+113.

林美琦,2020.准噶尔盆地乌夏地区断盖配置对油气藏的控制作用[D].青岛:中国石油大学(华东).

刘柏,2016.川西南部地区苏码头构造须二段气藏保存条件[J].油气地质与采收率,23(3):58-61.

刘闯,2022.鄂尔多斯盆地东缘上古生界煤系气共生组合模式[J].复杂油气藏,15(2):1-7.

刘池洋,赵红格,桂小军,等,2006.鄂尔多斯盆地演化-改造的时空坐标及其成藏(矿)响应[J].地质学报(5):617-638.

刘海兴,秦天西,杨志勇,2003.塔里木盆地三叠—侏罗系沉积相[J].沉积与特提斯地质(1):37-44.

刘家铎,田景春,张翔,等,2009.塔里木盆地寒武系层序界面特征及其油气地质意义[J].矿物岩石,29(4):1-6.

鲁雪松,张凤奇,赵孟军,等,2021.准噶尔盆地南缘高探1井超压成因与盖层封闭能力[J].新疆石油地质,42(6):666-675.

罗安湘,喻建,刘显阳,等,2022.鄂尔多斯盆地中生界石油勘探实践及主要认识[J].新疆石油地质,43(3):253-260.

罗顺社,傅于恒,殷杰,等,2023.鄂尔多斯盆地中东部太原组碳酸盐岩烃源岩岩相类型及地球化学特征[J].长江大学学报(自然科学版):1-12(网络首发).

罗小龙,汤良杰,谢大庆,等,2012.塔里木盆地雅克拉断凸中生界底界不整合及其油气勘探意义[J].石油与天然气地质,33(1):30-36.

马东烨,陈宇航,王应斌,等,2021.鄂尔多斯盆地东部上古生界盖层封闭性能评价[J].天然气地球科学,32(11):1673-1684.

马永平,王国栋,张献文,等,2019.粗粒沉积次生孔隙发育模式——以准噶尔盆地西北缘二叠系夏子街组为例[J].岩性油气藏,31(5):34-43.

马永平,张献文,朱卡,等,2021.玛湖凹陷二叠系上乌尔禾组扇三角洲沉积特征及控制因素[J].岩性油气藏,33(1):57-70.

马永生,蔡勋育,赵培荣,等,2010.四川盆地大中型天然气田分布特征与勘探方向[J].石油学报,31(3):347-354.

梅廉夫,邓大飞,沈传波,等,2012.江南-雪峰隆起构造动力学与海相油气成藏演化[J].地质科技情报,31(5):85-93.

莫午零,林潼,张英,等,2013.西昆仑山前柯东-柯克亚构造带油气来源及成藏模式[J].石油实验地质,35(4):364-371.

钱海涛,尤新才,魏云,等,2020.玛东地区百口泉组地层新认识及油气勘探意义[J].西南石油大学学报(自然科学版),42(2):27-36.

乔峰,2018.新疆库车坳陷三叠系黄山街组富有机质泥页岩有机质类型[J].新疆有色金属,41(1):30-32.

乔锦琪,刘洛夫,申宝剑,等,2016.塔里木盆地奥陶系页岩气形成条件及有利区带预测[J].新疆石油地质,37(4):409-416.

任战利,张盛,高胜利,等,2007.鄂尔多斯盆地构造热演化史及其成藏成矿意义[J].中国科学(D辑:地球科学)(S1):23-32.

阮壮,罗忠,于炳松,等,2021.鄂尔多斯盆地中—晚三叠世盆地原型及构造古地理响应[J].地学前缘,28(1):12-32.

申延平,吴朝东,岳来群,等,2005.库车坳陷侏罗系砂岩碎屑组分及物源分析[J].地球学报(3):235-240.

石媛媛,洪才均,房晓璐,等,2014.塔里木盆地库东—轮台地区苏维依组Ⅱ砂组沉积储层特征[J].石油实验地质,36(4):422-428.

时建超,2010.鄂尔多斯南缘中新生代构造特征及演化[D].西安:西北大学.

史集建,李丽丽,吕延防,等,2013.致密砂岩气田盖层封闭能力综合评价——以四川盆地广安气田为例[J].石油与天然气地质,34(3):307-314.

苏亦晴,杨威,金惠,等,2022.川西北地区三叠系须家河组深层储层特征及主控因素[J].岩性油气藏,34(5):86-99.

孙建博,郝世彦,赵谦平,等,2022.延安地区二叠系山西组1段页岩气储层特征及勘探开发关键技术[J].中国石油勘探,27(3):110-120.

孙衍鹏,何登发,2013.四川盆地北部剑阁古隆起的厘定及其基本特征[J].地质学报,87(5):609-620.

汤良杰,1994.塔里木盆地构造演化与构造样式[J].地球科学(6):742-754.

唐大海,谭秀成,王小娟,等,2020.四川盆地须家河组致密气藏成藏要素及有利区带评价[J].特种油气藏,27(3):40-46.

唐勇,郑孟林,王霞田,等,2022.准噶尔盆地玛湖凹陷风城组烃源岩沉积古环境[J].天然气地球科学,33(5):677-692.

陶传奇,李勇,倪小明,等,2022.临兴地区上石炭统本溪组煤成熟度演化过程研究[J].中国矿业大学学报,51(2):344-353.

万天丰,2011.中国大地构造学[M].北京:地质出版社.

汪孝敬,白保军,芦慧,等,2022.深层—超深层高温极强超压砂砾岩储层特征及主控因素——以准噶尔盆地南缘四棵树凹陷高泉地区白垩系清水河组为例[J].东北石油大学学报,46(3):54-65+8-9.

王成林,卢玉红,邬光辉,等,2011.塔里木盆地塔东地区却尔却克组烃源岩的发现及其意义[J].天然气工业,31(5):45-48+116-117.

王飞宇,杜治利,张宝民,等,2008.柯坪剖面中上奥陶统萨尔干组黑色页岩地球化学特征[J].新疆石油地质,135(6):687-689.

王静彬,高志前,康志宏,等,2017.塔里木盆地塔西南坳陷和田凹陷普司格组烃源岩沉积环境及有机地球化学特征[J].天然气地球科学,28(11):1723-1734.

王玲辉,叶素娟,杨映涛,等,2022.川西拗陷须家河组第三段烃源岩再认识及勘探潜力评价[J].成都理工大学学报(自然科学版),49(6):709-718.

王琪,禚喜准,陈国俊.等,2005.鄂尔多斯西部长6砂岩成岩演化与优质储层[J].石油学报(5):21-27.

王威,凡睿,2019.四川盆地北部须家河组"断缝体"气藏特征及勘探意义[J].成都理工大学学报(自然科学版),46(5):541-548.

王香增,高胜利,张丽霞,等,2012.延长油田延长组下部油藏与构造的耦合作用及勘探方向[J].石油实验地质,34(5):459-465.

王小军,宋永,郑孟林,等,2021.准噶尔盆地复合含油气系统与复式聚集成藏[J].中国石油勘探,26(4):29-43.

王小军,王婷婷,曹剑,2018.玛湖凹陷风城组碱湖烃源岩基本特征及其高效生烃[J].新疆石油地质,39(1):9-15.

王小军,杨智峰,郭旭光,等,2019.准噶尔盆地吉木萨尔凹陷页岩油勘探实践与展望[J].新疆石油地质,40(4):402-413.

王毅,张一伟,金之钧,等,1999.塔里木盆地构造-层序分析[J].地质论评(5):504-513.

王永标,徐海军,2001.四川盆地侏罗纪至早白垩世沉积旋回与构造隆升的关系[J].地球科学(3):241-246.

邬光辉,邓卫,黄少英,等,2020.塔里木盆地构造-古地理演化[J].地质科学,55(2):305-321.

谢瑞,张尚锋,周林,等,2023.川东地区侏罗系自流井组大安寨段致密储层油气成藏特征[J].岩性油气藏,35(1):108-119.

邢厚松,李君,孙海云,等,2012.塔里木盆地塔西南与库车山前带油气成藏差异性研究及勘探建议[J].天然气地球科学,23(1):36-45.

邢厚松,李君,孙海云,等,2012.塔里木盆地塔西南与库车山前带油气成藏差异性研究及勘探建议[J].天然气地球科学,23(1):36-45.

许光,2019.四川盆地东北缘三叠纪构造体制转换与多种能源矿产成藏(矿)特征研究[D].北京:中国地质大学(北京).

杨春龙,苏楠,芮宇润,等,2021.四川盆地中侏罗统沙溪庙组致密气成藏条件及勘探潜力[J].中国石油勘探,26(6):98-109.

杨帆,卞保力,刘慧颖,等,2022.玛湖凹陷二叠系夏子街组限制性湖盆扇三角洲沉积特征[J].岩性油气藏,34(5):63-72.

杨帆,曹正林,卫延召,等,2019.玛湖地区三叠系克拉玛依组浅水辫状河三角洲沉积特征[J].岩性油气藏,31(1):30-39.

杨光,李国辉,李楠,等,2016.四川盆地多层系油气成藏特征与富集规律[J].天然气工业,36(11):1-11.

杨海军,陈永权,田军,等,2020.塔里木盆地轮探1井超深层油气勘探重大发现与意义[J].中国石油勘探,25(2):62-72.

杨海军,韩剑发,陈利新,等,2007.塔中古隆起下古生界碳酸盐岩油气复式成藏特征及模式[J].石油与天然气地质(6):784-790.

杨华,付金华,刘新社,等,2012.苏里格大型致密砂岩气藏形成条件及勘探技术[J].石油学报,33(S1):27-36.

杨华,牛小兵,徐黎明,等,2016.鄂尔多斯盆地三叠系长7段页岩油勘探潜力[J].石油勘探与开发,43(4):511-520.

杨见,张敏,陈晓娜,2012.川西坳陷上三叠统须一段烃源岩地球化学特征分析[J].长江大学学报(自然科学版),9(12):41-43+5.

杨树锋,陈汉林,董传万,等,1996.塔里木盆地二叠纪正长岩的发现及其地球动力学意义[J].地球化学(2):121-128.

杨水胜,2020.鄂尔多斯盆地延长探区中侏罗统直罗组成藏条件分析[D].西安:长安大学.

杨跃明,王小娟,陈双玲,等,2022.四川盆地中部地区侏罗系沙溪庙组沉积体系演化及砂体发育特征[J].天然气工业,42(1):12-24.

姚宜同,2016.鄂尔多斯盆地正宁地区长6储层特征及其油气富集规律研究[D].成都:西南石油大学.

于兴河,瞿建华,谭程鹏,等,2014.玛湖凹陷百口泉组扇三角洲砾岩岩相及成因模式[J].新疆石油地质,35(6):619-627.

余宽宏,金振奎,李桂仔,等,2015.准噶尔盆地克拉玛依油田三叠系克下组洪积砾岩特征及洪积扇演化[J].古地理学报,17(2):143-159.

曾焱,黎华继,周文雅,等,2017.川西坳陷东坡中江气田沙溪庙组复杂"窄"河道致密砂岩气藏高产富集规律[J].天然气勘探与开发,40(4):1-8.

翟咏荷,何登发,开百泽,2023.鄂尔多斯盆地及邻区早二叠世构造-沉积环境与原型盆地演化[J].地学前缘,30(2):139-153.

翟咏荷,何登发,马静辉,等,2020.鄂尔多斯盆地及邻区晚石炭世本溪期构造-沉积环境及原型盆地特征[J].地质科学,55(3):726-741.

张福顺,张旺,2017.塔里木盆地三顺地区志留系储层孔隙类型与控制因素[J].石油实验地质,39(6):770-775.

张光亚,赵文智,王红军,等,2007.塔里木盆地多旋回构造演化与复合含油气系统[J].石油与天然气地质(5):653-663.

张国伟,董云鹏,赖绍聪,等,2003.秦岭-大别造山带南缘勉略构造带与勉略缝合带[J].中国科学(D辑:地球科学)(12):1121-1135.

张海涛,时卓,石玉江,等,2012.低渗透致密砂岩储层成岩相类型及测井识别方法——以鄂尔多斯盆地苏里格气田下石盒子组8段为例[J].石油与天然气地质,33(2):256-264.

张惠良,王招明,张荣虎,等,2004.塔里木盆地志留系优质储层控制因素与勘探方向选择[J].中国石油勘探(5):21-25+1.

张磊,2020.准噶尔地区石炭纪盆地地质结构、充填及成因机制[D].北京:中国地质大学(北京).

张丽娟,顾乔元,邸宏利,等,2003.英吉苏地区致密砂岩盖层形成机理及分布预测[J].中国石油勘探(4):24-28.

张鸾沣,雷德文,唐勇,等,2015.准噶尔盆地玛湖凹陷深层油气流体相态研究[J].地质学报,89(5):957-969.

张瑞,2020.鄂尔多斯盆地中生代波动沉积响应及对烃源岩的控制[D].青岛:中国石油大学(华东).

张哨楠,刘家铎,田景春,等,2004.塔里木盆地东河塘组砂岩储层发育的影响因素[J].成都理工大学学报(自然科学版)(6):658-662.

张卫东,2013.中低丰度天然气藏盖层封盖性定量评价[D].大庆:东北石油大学.

张义平,2018.中央造山带中部中生代盆山耦合与构造演化[D].北京:中国地质科学院.

张岳桥,董树文,李建华,等,2011.中生代多向挤压构造作用与四川盆地的形成和改造[J].中国地质,38(2):233-250.

赵红格,刘池洋,翁望飞,等,2007.新近纪鄂尔多斯盆地东西部的构造反转及其意义[J].石油学报,28(6):6-11.

赵文智,卞从胜,徐春春,等,2011.四川盆地须家河组须一、三和五段天然气源内成藏潜力与有利区评价[J].石油勘探与开发,38(4):385-393.

郑荣才,戴朝成,朱如凯,等,2009.四川类前陆盆地须家河组层序-岩相古地理特征[J].地质论评,55(4):484-495.

郑荣才,朱如凯,戴朝成,等,2008.川东北类前陆盆地须家河组盆-山耦合过程的沉积-层序特征[J].地质学报(8):1077-1087.

支东明,唐勇,郑孟林,等,2019.准噶尔盆地玛湖凹陷风城组页岩油藏地质特征与成藏控制因素[J].中国石油勘探,24(5):615-623.

朱光有,陈斐然,陈志勇,等,2016.塔里木盆地寒武系玉尔吐斯组优质烃源岩的发现及其基本特征[J].天然气地球科学,27(1):8-21.

朱广社,2014.鄂尔多斯盆地晚三叠世-中侏罗世碎屑岩、沉积、层序充填过程及其成藏效应[D].成都:成都理工大学.

朱如凯,邹才能,张鼐,等,2009.致密砂岩气藏储层成岩流体演化与致密成因机理——以四川盆地上三叠统须家河组为例[J].中国科学(D辑:地球科学),39(3):327-339.

朱卫红,吴胜和,尹志军,等,2016.辫状河三角洲露头构型——以塔里木盆地库车坳陷三叠系黄山街组为例[J].石油勘探与开发,43(3):482-489.

朱筱敏,王贵文,谢庆宾,2002.塔里木盆地志留系沉积体系及分布特征[J].石油大学学报(自然科学版)(3):5-11.

祝海华,钟大康,姚泾利,等,2015.碱性环境成岩作用及对储集层孔隙的影响——以鄂尔多斯盆地长7段致密砂岩为例[J].石油勘探与开发,42(1):51-59.

卓勤功,雷永良,边永国,等,2020.准南前陆冲断带下组合泥岩盖层封盖能力[J].新疆石油地质,41(1):100-107.

BERRA F,ANGIOLINI F,2014. The evolution of the Tethys region throughout the Phanerozoic:A brief tectonic reconstruction[C]//Marlow L,Kendall C,Yose L. Petroleum systems of the Tethyan region:AAPG Memoir,106:1-27.

GAO Z,SHI Y,FENG J,et al.,2022. Lithofacies paleogeography restoration and its significance of Jurassic to Lower Cretaceous in southern margin of Junggar Basin,NW China[J]. Petroleum Exploration and Development,49(1):78-93.

KE W,WANG Y,WANG F,et al.,2023. Formation conditions and the main controlling factors for the enrichment of shale gas of Shanxi Formation in the southeast of Ordos Basin,China[J]. Journal of Natural Gas Geoscience,8(1):49-62.

LI D,HE D F,SANTOSH M,et al.,2015. Tectonic framework of the northern Junggar Basin part I:The eastern Luliang Uplift and its link with the East Junggar Terrane[J]. Gondwana Research,27(3),1089-1109.

LI D,HE D F,TANG Y,2016. Reconstructing multiple arc-basin systems in the Altai-Junggar area (NW China):Implications for the architecture and evolution of the western Central Asian Orogenic Belt[J]. Journal of Asian Earth Sciences,121,84-107.

LI M,WU G,XIA B,et al.,2019. Hydrocarbon accumulation and its controlling factors of clastic reservoirs in Tarim Craton,NW China[J]. Marine and Petroleum Geology,104,423-437.

LI X,CHEN G,WU C,et al.,2023. Tectono-stratigraphic framework and evolution of East Junggar Basin,Central Asia[J]. Tectonophysics,851:229758.

LU H,WANG S,JIA C,2007. The Mechanism of the Southern Junggar Cenozoic Thrusts[J]. Earth Science Frontiers,14(4):0-174.

WEI Y,TIAN J,WANG F,et al.,2022. Sedimentary environment and organic matter enrichment of black mudstones from the upper Triassic Chang-7 member in the Ordos Basin,Northern China[J]. Journal of Asian Earth Sciences,224:105009.

YANG Y,GUO Z,LUO Y,2017. Middle-Late Jurassic tectonostratigraphic evolution of Central Asia,implications for the collision of the Karakoram-Lhasa Block with Asia[J].

Earth-Science Reviews,166:83-110.

ZHOU J,YAO G,DEND H,et al.,2008. Exploration potential of Chang 9 member, Yanchang Formation, Ordos Basin [J]. Petroleum Exploration and Development,35(3): 289-293.